高等院校工业设计创新实践教材

工业设计概论

兰玉琪　编　著
邓碧波　高雨辰　副主编

天津大学出版社
TIANJIN UNIVERSITY PRESS

图书在版编目（CIP）数据

工业设计概论 / 兰玉琪编著. —天津：天津大学出版社，2013.2（2021.9重印）
高等院校工业设计创新实践教材
ISBN 978-7-5618-4599-8

Ⅰ.①工… Ⅱ.①兰… Ⅲ.①工业设计-高等学校-教材 Ⅳ.①TB47

中国版本图书馆CIP数据核字（2013）第016492号

出版发行：天津大学出版社　　　　　　　经销：全国各地新华书店
地址：天津市卫津路92号天津大学内　　　开本：185㎜×260㎜
电话：发行部 022-27403647　　　　　　　印张：7
　　　编辑部 022-27890557　　　　　　　字数：238千字
网址：publish.tju.edu.cn　　　　　　　　版次：2013年2月第1版
邮编：300072　　　　　　　　　　　　　　印次：2021年9月第2次
印刷：廊坊市海涛印刷有限公司　　　　　　定价：56.00元

前　言

工业设计诞生于从"手工业经济"向"产业化经济"演变、发展的过程中。从工业发达国家的现代化进程来看，工业设计无一例外地成为推动其物质文明和精神文明快速发展的有效途径和方法之一。我们甚至可以毫不夸张地说，工业设计实质上就是一种生产力。

当前，世界经济发展的总体趋势已从"产业化经济"向信息时代的"知识经济"转变，我国的经济发展格局也正处于从"加工制造型"向"设计创新型"、"资源节约型"和"环境友好型"的可持续发展的转型时期。就我们而言，在此时此刻重新审视和深入解读工业设计在经济建设中的重要作用无疑是及时的，也是很有必要的。显然，工业设计在许多方面已经影响了和正在影响着几乎所有人的生活，而且，它还将一如既往地继续影响我们的生活，这种影响力也将随着人们对工业设计认知的普及和深入变得更加巨大。

如果我们从不同的立场、角度和高度去看设计，那么工业设计的动机、过程、方法、工具、技术、结果乃至影响都可能会有完全不同的结论。因而，究竟应该如何去解读工业设计以及应该树立怎样的设计观便成为当下工业设计教育的重点。

从此书的全部内容中感受到编者清晰的思路以及对专业知识的深刻理解，此书以一种深入浅出的方式为广大读者展现了工业设计的相关理论：从产品到服务的设计概念的衍变、对是技术还是艺术的设计学科体系的探讨、对工业设计相关设计要素的360度全方位解读、以功能或形式为线索的设计风格的演进以及从需求出发的设计程序与方法等。每一个章节都将工业设计相关的概念与理论娓娓道来，让读者在轻松的阅读中走进工业设计的世界。

天津美术学院院长　　教授

目录

第一章 工业设计概念：从产品到服务

一、设计的定义

从旧石器时代制造第一件打制石器开始，作为人类造物活动的设计便产生了。如图1-1所示是迄今考古发现的人类最早的燧石器，制作时只需将石核或石块的一面砸碎形成一条锯形的切削边缘，作为切割和刮削的工具。

汉语的"设"字，有"布置、筹划、假设"的含义；"计"字则指"计算、策划、计划、考虑"。关于设计，最常见的解释是"在正式做某项工作之前，根据一定的目的和要求，预先制定的设想和计划，包括计划、草图、制作和完成的全过程。"（新华词典（修订版），北京：商务印书馆，1999年）它既指某一个具体的构思、设想，也包括设计实现的操作过程。

"设计"在英语中的译词是"design"，由词根"sign"加前缀"de"组成。"sign"的含义十分广泛，有"目标、方向、构想"的意思；"de"指实施和操作。同时，"design"一词源于拉丁语"designare"，原有"画上符号"之意，即将设计的意图或想法以符号、图像和模型等方式表达出来（图1-2）。

《朗文当代英语词典》所解释的"设计"（design）的含义则更加丰富。作为动词，指①设计、构思、绘制；②打算将……用做；③计划、谋划。作为名词，包括：①图样、图纸；②设计及制图方法；③图案、花纹；④意图、计划、目的；⑤设计、构思；⑥图谋。

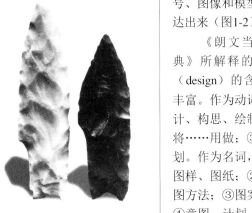

图1-1 奥尔多旺文化的石器

此外，设计还具有多种隐喻意义，如：①设计是创造性的天赋；②设计是解决问题；③设计是在可能的解决方案范围内寻找恰当的路径；④设计是对各部分的综合等。

1588年出版的《牛津词典》首次提及设计的概念时，有如下的定义。

（1）由人设想的为实现某物而做的方案或计划；

（2）艺术作品最初的绘图草稿；

（3）规范应用艺术品制作完成的草图。

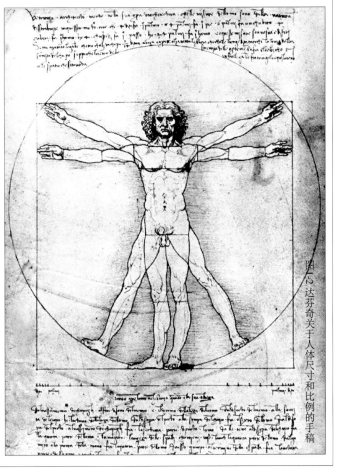

图1-2 达芬奇关于人体尺寸和比例的手稿

而1974年的第15版《大不列颠百科全书》则对该词做了更为明确的解释：design是指进行某种创造时，计划、方案的展开过程，即头脑中的构思过程。一般指能用图样、模型表现的实体，但最终完成的实体并非设计，只指计划和方案。design的一般意义是"为产生有效的整体而对局部之间的调整"。而且指出，有关结构和细部的确定可以从以下四个方面进行考虑。

（1）可能使用什么材料；

（2）这种材料适用何种制作技术；

（3）从整体出发的部分与部分之间的关系是否协调；

（4）对旁观者和使用者来说，整体效果如何。

由此可见，"design（设计）"一词本身含有通过行为而达到某种状态、形成某种计划的意义。

此外，在古代中国的文献中早已有了与"设计"相对应的词义，《周礼·考工记》即有"设色之工，画、缋、钟、筐、巾荒"。此处"设"字，与拉丁语"designare"的词义"制图、计划"一致。《管子·权修》中"一年之计，莫如树谷，十年之计，莫如树木，终身之计，莫如树人"的"计"字也与用以解释"Design"的"Plan"一致。用现代汉语中的"设计"一词来对译西方语言的"Design"，从各自的语源背景及文化背景来看都毫无歧义，这正好也说明了"设计"作为人类生活行为的共性特征。

设计，本身就是一个大概念。从最广泛的意义上讲，设计是个通用词，它的使用范围很广，世界上任何事物的酝酿、策划都可称为设计。出门穿什么衣服、戴什么帽子、化妆，都是设计；选择什么牌子、什么款式、什么颜色的小汽车，也是设计；诸葛亮的"草船借箭"，还是设计；邓小平"一国两制"的伟大构想，是解决祖国统一大业的百年大计，更是设计。由此可见，人类所有生物性和社会性的原创性活动，都可以称为设计。正如柳冠中先生所言："我们每天大部分的时间所做的事也都可以被称为设计：当我们选择一条乘车路线的时候；当我们编造一个缺席的借口的时候；当合理计划一周的开销的时候；当梦想未来家居空间的时候……只要我们头脑中的思维活动、计划、构想、盘算带有预见性的、未来的、愿望性的内容，那就可以叫做设计"。

按照"设计"如此宽泛的含义，那么我们生活中时时处处都有设计，我们每个人也都是设计师。其实设计所包含的领域远不止于此，正如李砚祖教授所言："'设计'既是一个名词，又是一个动词，既可以作为一门学科，又可以是一种职业、一种事业，因此，它必然可以从各个方面给予定义、界定和阐述。每一种定义和阐述，都包含了一定的角度和出发点，也就存有必然的局限性甚至还是相互矛盾的"。所以，设计的外延越大，其内涵也就越模糊。

图1-3 维斯·贝哈设计的Y Water

日本GK工业设计研究所总裁、著名工业设计家荣久庵宪司先生也曾说："设计是将人们的某种需求、愿望、理想，通过创造某一物质而加以具体地实现。"如图1-3所示是设计师维斯·贝哈（Yves Béhar）设计的Y Water，通过对水瓶形状、色彩的设计引导孩子喝水。

从上述关于设计的定义中，我们可以清晰地看到：设计是把一种计划、规划、设想通过视觉的形式传达出来的活动过程，其核心含义是"人们为实现既定的目的而做的策划和实现的过程"。国际工业设计协会联合会前主席阿瑟·普洛斯（Arthur Poulos）曾说，设计的形成"是人们经过深思熟虑后的行动结果：他们承认了一个问题，然后以顾全全体的最大利益的方式解决了这个问题"。

设计以要达到的目的（目的性）为前提，如何以最好的方式（创造性）实现目的为中心。同时，其中也必然包括了对"可行性"的思考和推敲。如图1-4所示是针对非洲地区妇女、儿童、小孩运水困难而设计的水桶，方便他们从远处取水。

图1-4 针对非洲地区而设计的水桶

由此可见，设计体现出"目的性、创造性与可行性"的内在结构。

第一，目的性。

我们在从事任何行为之前，就已经有明确的目的；或者说，行为结束时所出现的结果，其实在行为开始时就已经存在于行为主体的思想中。正如卡尔·马克思（Karl Marx）在《资本论》第一卷关于"劳动过程"的论述中所说：蜘蛛织网，颇类似织工纺织、蜜蜂用蜂蜡来制造蜂房，使人类许多建筑师都感到惭愧。但是，从设计角度讲，就连最拙劣的建筑师也比最灵巧的蜜蜂要高明，因为建筑师在着手用蜡来制造蜂房之前，就已经在头脑里把蜂房构成了。劳动过程结束时所取得的成果，在劳动过程开始时就已存在于劳动者的观念中了，就已经以观念的形式存在着了。他不仅造成自然物的一种形态改变，同时还在自然中实现了他所意识到的目的。显然，建筑师的工作是设计，而蜜蜂的工作只是一种本能活动。

第二，创造性。

设计必须具有独创性和新颖性，追求与众不同的方案，打破一般思维的常规惯例，提出新功能、新原理、新构造，运用新材料，在求异和突破中体现创新。

设计的创造性通常包含两方面的含义：一方面是设计成果要具有创造性。人们的需求不是一成不变的，因此，陈旧的产品不可能满足人类不断更新与拓宽的需求。后来的产品必须有别于以前的产品，而且这种差异不仅仅是简单的形状或者颜色的不同，而应该有一定程度的创新，也就是必须要用前所未有的完整的设计成果或原设计中局部的更新来满足人们前所未有的需求；另一方面是设计师要有创造性，设计师只有具备了这种创造性，才有可能在设计过程中推陈出新，才能拿出令人耳目一新的创新成果，保证设计方案的创造性。

社会在前进，自然环境、社会环境以及人们的心理状态都处于绝对的变化中，人们的社会需求也在变化中，设计师要正视这种变化，善于点燃思维的创造性之火，勇敢地迎接社会需求的挑战，这是作为一名合格设计师的基本素质。

第三，可行性。

一切设计都是在一定的人力、财力、物力、时间和信息等条件的制约下进行的，因此在设计时我们要充分考虑设计和设计方案的可行性。

设计是造物艺术，是一种非自由艺术，它总是被限定在特定时间、空间和物质条件的约束中。不考虑限制条件和物质基础，一厢情愿、随心所欲的"设计"是不存在的，也是没有意义的。

客观的社会环境既存在着科学、技术、经济等实际状况和发展水平的差异，也存在着生产厂家、生存环境的特定要求和条件限制，还涉及环境、法律、视觉心理和地域文化等多种因素。这些限制和约束共同构成了一组"边界条件"，形成了设计师进行筹划和构思的"设计空间"，设计师必须在这些边界条件中协调各种关系，从而完成自己的设计作品。

二、工业设计的定义

工业设计的概念，虽然早在1919年就由美国设计师约瑟夫·西纳尔（Joseph Sinel）率先提出，但这个词被广泛认可和使用则是在20世纪30年代以后。而且，随着科学技术的不断发展和前进，人们对社会和自然认知的不断更新，工业设计的定义、内涵和外延也随之不断改变。它的定义在各个历史时期、在不同的国家都不尽相同，并没有一个准确划一的表述。

1919年，德国包豪斯学校的创始人沃尔特·格罗皮乌斯（Walter Gropius）在《包豪斯宣言》中阐明"工业设计服务于人而非产品"，并提出"工业设计在大工业的基础上实现了艺术与技术的新统一"。

阿瑟·普洛斯说："工业设计的核心是产品，在产品的周围是人、技术、美学三维作支撑框架。这三项因素若不同时存在，这个产品便不存在。产品就是这么复杂而又相互依赖的结构，具有一种内在的凝聚力、内在的组合性。"

而现代建筑运动的著名理论家西格弗里德·吉迪恩（Sigfried Giedion）在描绘20世纪工业设计师如何出现时，则指出："他使产品的外壳时尚，并思考如何将可见的（洗衣机的）马达隐藏起来，并使之富于整体感。简而言之，就是如同火车和汽车般的流线造型。"

如图1-5所示，雷蒙德·罗维（Raymond Loewy）设计的ColdSpot冰箱，将冰箱包容于白色珐琅质钢板箱内，镀镍五金件给人珍宝般的质感，成为冰箱设计的新潮流，年销量从1.5万台猛增到27.5万台。

1964年，国际工业设计协会联合会在比利时布鲁塞尔年会上指出："作为一种创造性行为，工业设计的目的在于决定产品的正式品质。所谓正式品质，除外形及表面的特点以外，最重要的，是决定产品的结构与功能的关系，以获得一种使生产者与消费者都感到满意的整体。"

1980年，国际工业设计协会联合会在巴黎年会上对工业设计又做了进一步的表述："就批量生产的工业产品而言，凭借训练、技术知识、经验及视觉感受而赋予结构、形态、色彩、表面加工及装饰以新的品质和规格，这就叫做工业设计。根据当时的具体情况，工业设计师应在上述工业产品生产的全部侧面或其中几个方面进行工作。而且，当需要工业设计师对包装、宣传、展示、市场开发等问题的解决付出自己的技术知识和经验以及视觉评价能力时，也属于工业设计的范畴。"

1987年，在国际工业设计协会联合会的年会上，美国工业设计师协会创始人彼特·劳伦斯（Pete Lorenz）说："设计是一种手段，通过这种手段，可以提高生活质量，从而有效地满足人类的需求"。如图1-6所示为IDEO公司根据儿童的行为习惯设计的储物架，在桌子下空间内使用。

而按照2006年国际工业设计协会联合会官方网站上公布的工业设计定义，则可以将工业设计的概念分为目的和任务两个部分。

1.目的

设计是一种创造性的活动，其目的是为产品、服务以及它们在整个生命周期中构成的系统建立起多方面的品质。因此，设计既是创新技术人性化的重要因素，也是经济文化交流的关键因素。

2.任务

设计致力于发现和评估与下列项目在结构、组织、功能、表现和经济上的关系：增强全球可持续发展和环境保护（全球道德规范）；给全人类社会、个人和集体带来利益和自由；最终用户、制造者和市场经营者（社会道德规范）；在世界全球化的背景下支持文化的多样性（文化道德规范）；赋予产品、服务和系统以表现性的形式（语义学）并与它们的内涵相协调（美学）。

设计关注于由工业化而不只是由生产所用的几种工艺所衍生的工具、组织和逻辑创造出来的产品、服务和系统。限定设计的形容词"工业的（industrial）"必然与工业（industry）一词有关，也与它在生产部门所具有的涵义，或者其古老的含义"勤奋工作（industrial activity）"相关。也就是说，设计是一种包含了广泛专业的活动，产品、服务、平面、室内和建筑都在其中。这些活动都应该和其他相关专业协调配合，进一步提高生命的价值。

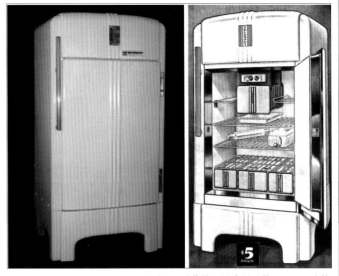

图1-5 雷蒙德·罗维设计的ColdSpot冰箱

图1-6 IDEO公司设计的储物架

进入21世纪后，工业设计的思维已经延伸为"参与并创造人类更加美好、更加合理、更加有效的生存方式、工作方式、学习方式和生活方式"。如图1-7所示是日本NISSAN公司根据鱼群行为方式设计的电动无人驾驶汽车Eporo Robot car（2009年）。

图1-7 日本NISSAN公司设计的电动无人驾驶汽车

从以上的一些定义和阐述不难看出，工业设计的灵魂和核心思想是非常明确和早有定论的。

从宏观上来讲，工业设计的基本概念应是一种"以其所处时代的科学技术成果为依托，以维护人类赖以生存的自然环境为前提，以创建和不断提升人类的工作和生活品质为最终目标的规划行为"。工业设计从社会经济发展的需求出发，以人们认知社会的心理诉求为基点，用系统的思维方法，运用社会学、心理学、美学、形态学、符号学、工程学、人机工程学、色彩学、创造学、经济学、市场学等学科认识，综合分析、研究和探讨"人—产品—环境"之间的和谐关系，在不断提升人们生活品位的过程中，设计和架构出使生产者和消费者满意的产品。

从微观上来讲，工业设计以现代科学技术的成果为基础，研究市场显现和潜在的需求，分析人的生存、生活及生理和心理需求，并以消费者潜在和显现的需求为出发点，提出设计构思，分步解决结构、材料、形态、色彩、表面处理、装饰、工艺、包装、运输、广告直至营销、服务等设计问题，直到消费者满意为止。

三、从设计的定义看工业设计内容

工业设计的概念是随社会的发展而不断变化的，它以产品的形式作为商品的附加价值出现，并伴随着商品市场上的流通而产生意义。正如马克思所言，"一件衣服由于穿的行为才现实地成为衣服；一间房屋无人居住事实上就不成为现实的房屋。因此，产品不同于单纯的自然现象，它在消费中才证实自己是产品，才成为产品"。这就要求工业设计为产品的使用服务，要服从于产品的物质属性，满足人类"衣、食、住、行、用"的要求，这是设计实现价值的基础。因此，人们对产品需求的变化便外化为工业设计内容的变化，并进一步体现为工业设计定义的变迁。

在人类逐渐进入信息化社会的过程中，工业设计在创造艺术化生活方面的作用日益受到重视。从单纯对产品外观的美化到参与新产品的创造开发，工业设计的发展反映了工业社会科技的发展与进步，因此许多发达国家都以工业产品设计和产品创造开发的思维模式作为艺术设计的核心内容，以工业产品设计和研发水平的高低作为衡量国家综合竞争力的砝码。工业设计的媒介是飞速发展的现代科学技术，应用的是前沿的设计理念和方法，因此工业设计本身所承载的科技含量和时代标识性，使它无可争议地成为艺术设计的核心内容。国际学术界以工业设计指称艺术设计的方法已获得了广泛认同。例如，英国的工业设计包括染织、服装、陶瓷、玻璃器皿等设计，家具和家庭用品设计，室内陈列和装饰设计以及机械产品设计等。法国、日本将商业广告宣传的视觉传达设计、室外环境设计、城市规划设计等也列入工业设计的范围。

随着人们对设计内涵的不断发掘，设计的意义已逐渐摆脱了对外观的美化装饰，而上升为创造性地改造和适应自然环境，创造更健康、合理的生活方式。从人类诞生之日起，人与自然的关系就成为影响人类生存与发展的最重要的问题。20世纪后半叶，绿色设计和生态设计的理念受到全球关注。设计已不仅是个体的、独立的造物活动，而是关系到人与人、人与空间、人与环境可持续发展的系统工程。当代设计不仅要解决眼前的问题，更重要的是立足于千秋万代的长远发展，要综合协调自然法则、经济法则、人机关系和环境因素，以此来确定自己的价值体系。

工业设计逐渐成为结合工程技术、人体工程学、美学、市场与文化等因素所进行的产品创作，包含产品外观设计、操作的接口设计、平面设计、结构设计、商业包装设计、模具开发等，配合行销更需涉及品牌形象设计、商品电子化设计、展示设计等。当下，电子信息技术飞速发展，电子产品被大量开发，更多新内容如软件的使用接口，都是工业设计所应包含的议题。新的变化使得工业设计的应用领域远远超出了产品设计的范围。也正是基于这一点，不少人认为工业设计的概念应当得到更大程度的拓展和延伸。

而且，由国际工业设计协会联合会1980年和2006年两次关于工业设计的定义我们不难看出，工业设计的内涵和外延都发生了深刻的变化。

其一，当今的工业设计进一步强调对全球环境、社会、人、文化和可持续发展的关注。

其二，工业设计的服务领域进一步扩展。广义的工业设计几乎包括我们所指的"设计"的全部内容，它是指为了达到某一特定目的，从构思策划到建立切实可行的实施方案，并且用完整明确的方式表达出来的系列行为。它包含了一切使用现代化手段进行生产以及服务等的全部设计过程。与之相对应的狭义工业设计，一般可以理解为单指产品设计，即针对人与自然、社会关联中产生的诸如工具、器械与玩具等物质性装备所进行的设计。

产品设计的核心是产品对使用者的身心具有良好的亲和性与匹配性。主要是对工业产品的功能、材料、构造、形态、色彩、表面处理、装饰等要素，从社会的、经济的、技术的、审美的角度进行综合处理。这种设计既要符合人们对产品的物质功能的要求，又要满足人们审美情趣的需要，同时还要考虑经济等方面的因素。

综上所述，工业设计的发展已经从过去关注于工业产品造型，发展到目前聚焦于设计与文化、环境的关系以及人的生存方式、人的价值观等问题的思考方面。这一过程表明，随着人们对工业设计本质的认识逐步深入，工业设计的核心问题已经由对"人—物—环境"三者关系中有形的"物"的研究，转变为对诸如人的生命、人的理想以及人的生存与发展等无形的"事"的问题的重视。因此，在新的历史时期，工业设计概念的界定与描述必须从设计的理念、思想、意义与价值等领域出发，而不能像以往那样以设计对象为特征进行界定。而对于设计师而言，最为重要和最为现实的使命莫过于如何使自己创造的产品形态和环境能逐渐引导人们的生产、生活方式，走上文明、健康、合理而不失远见的发展道路。

图1-8 手机设计的变迁

　　如图1-8以手机为例，看工业设计内容的变迁（由上至下、由左至右）。

　　1983年Motorola DynaTAC 8000X手机。

　　1999年Nokia 8210手机，可更换彩壳。

　　1999年Nokia 5210，三防手机，适应不同的使用环境。

　　2000年Nokia 8310，附带红外线、日历、FM收音机等功能。

　　2002年SANYO SCP-5300，第一款可以照相的手机。

　　2003年Nokia 1100，价格低廉，自2003年问世以来卖出了2亿部。

　　2003年Nokia 7600，最轻最小的Nokia第一款3G手机。

　　2004年Motorola Razor V3手机。

　　2004年Nokia 7280，口红手机，艺术装饰风格的设计。

　　2005年Motorola RAZR V3 Magenta，针对女性人群的时尚色彩设计。

　　2006年KDDI Penck，有机形态的经典运用。

　　2006年LG Chocolate KG800，以设计和广告出众。

　　2008年iPhone 3G手机。

　　2009年Motorola Renew，无碳的环保手机。

　　不过，需要指出的是：工业设计并不是一把无所不能的万能钥匙，工业设计的应用范围是有一定界限的。工业设计作为一种创造性的活动，它可以通过与人们的生活、工作密切相关的物品、服务、过程等方面影响人们的社会生活行为，但它并不能直接"设计"人们的生活方式；它可以因发扬不同国家、民族的文化特色而影响人们对民族文化的态度及未来文明的选择，却不能直接"设计"文化；它可以用强有力方式对人类未来的生活方式施加影响，但它不能直接"设计"未来；总之，它可以成为人类有意识地把握自身、把握文明发展的众多现代创新手段的一种，但却不可以代替一切。

第二章 工业设计体系：技术还是艺术

一、工业设计学科体系的组成

工业设计专业内容的边缘性与综合性决定了它与相关专业不可分割的关系。在狭义的微观层面，工业设计的理念是通过相关专业来实现的。因此，了解这些专业的内容与方法，就如同电影导演了解剧本、演员、摄影、布景的特征与内容一样，不可或缺。

我们通常所说的工业设计，是要设计具有一定的功能性、艺术性、技术性和一定经济价值的及实际用途的产品，而且还要具有一定的美的形式。由此，我们可以从工业设计与艺术、文化、经济和技术的关系出发，确定工业设计的学科框架和学科体系。

（一）工业设计与艺术

从艺术中产生的设计本身是不是一种艺术呢？或者说，在设计师的创作行为、创作构思中，在消费者对设计作品的感知与评价中，设计是不是一种艺术呢？对于这个问题，美学界曾有不同的意见：有人明确主张设计就是一种艺术；有人则认为设计是非艺术的审美活动。关于这一问题，在设计界同样存在着争论，如以托马斯·马尔多纳多（Tomas Maldonado）为首的德国乌尔姆设计学院的设计师们，不仅一度否认设计是一种艺术，而且否认设计和艺术在起源上的联系。

显然，马尔多纳多断然否定设计与艺术相互联系的观点是不正确的。因为设计不仅在起源上，而且在现实发展中都和艺术存在着密切的联系，设计从艺术、特别是造型艺术中吸收养分，同时又丰富了造型艺术的语言。

设计与艺术在起源上是一致

的。设计的概念产生于文艺复兴时期，不过那时只是形成了一个概念，是"大美术"范围的"小美术"。当代则对设计从形式上进行思辨的界定，认为设计形式产生于现代绘画的客观化趋势，具体地讲，它独立的形式产生于立体主义（Cubism）。毕加索（Pablo Ruiz Picasso）的立体主义以及荷兰的风格派，把形式的试验摆到首位，在平面上组成立体形式，绘出立方体、圆锥体、圆柱体，把复杂的形体分解为简单的形体。一切东西包括活的东西，都成为组合的、变化的、可分解的。我们可从立体主义绘画和风格派作品的这种风貌中，窥见工业设计形式之一斑。如图2-1所示为蒙德里安（Piet Mondrian）的绘画作品与里特维尔德（Gerrit Rietveld）的乌德勒支住宅。

同时，工业设计又是一门特殊的艺术，它遵循实用化求美法则的艺术规律完成创造性的思维过程。这种实用化求美不是"化妆"，而是用专门的设计语言进行创造。工业设计对美的不断追求，决定了设计中必然具有艺术的成分。既然我们承认现代建筑即使采用了预制单元构件依然是艺术的一种形式，那么我们也应当承认工业制品同样也是艺术的。在近代，工业设计与现代艺术之间的距离日趋缩小，一幅草图或模型，本身就可能具备独立的审美价值。

图2-1 蒙德里安的绘画作品与里特维尔德的乌德勒支住宅

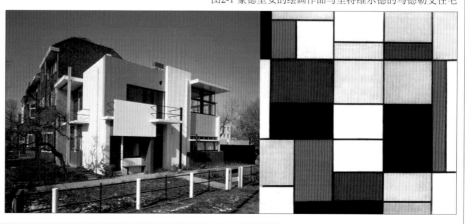

随着历史的发展与社会的进步，创造纯精神产品的艺术和创造物质产品的艺术分离开来，既促进了纯艺术的发展，也极大地推动了工业美术和商业美术的发展。但是，在工业设计中对艺术的追求，以及现代设计与纯艺术的结合，并没有因此而停止，反而在更深、更广、更高的层面上

图2-2 波普艺术作品

图2-3 波普风格设计作品

发展起来。例如建筑装饰设计，既从属于物质生产，同时又有很高的艺术审美要求。设计师运用空间组合、立体造型、比例、色彩、装饰等建筑语言与视觉符号，构成独特的艺术形象，表达出人们的一种精神世界。

（二）工业设计与文化

设计是一种文化。设计师按照人的需要、爱好和趣味进行设计，仿佛在设计人自身。正如有的时装设计师所说，他设计的不是女装，而是女性的外貌、姿态、情感和她的生活风格。因此，工业设计师直接设计的是用品，间接设计的是人和社会。设计要受到文化的制约，同时它又在设计某种文化类型，设计师通过设计新的款式改变旧有的文化价值。如图2-2所示为波普艺术作品：是什么使得今日的家庭如此别致、如此动人（汉密尔顿，Richard Hanmilton）。再如图2-3所示的波普风格设计作品，多采用波普文化运动中所提倡的艳俗的色彩与主题。

工业设计以创造和推动物质文化的发展为最基本的表现形式，今天充斥于我们生活中的任何人工物质，无不带有设计的印记。文化是人类生活发展和生产实践中所创造的一切物品、语言行为、组织、观念、信仰、知识、艺术等方面的总和，也就是所谓的"第二自然"。人类在进化中学会劳动，学会利用自然的现有条件，有意识地为自身生存改造"第一自然"，这就开始了"第二自然"（文化）的积累过程。

人类的一切文化都始于造物活动，原始人的造物活动就是一种设计行为。它从适用功能的角度选择材料，确定形制，这与现代设计活动没有本质的区别，都是围绕一定目标的求解过程。而图像、符号、色彩、物品，则是原始文化成果的记载和体现，同时这种"文化成果"促进了人类的交流和传承，刺激人类造物活动的进步与发展。工业设计是一种文化的创造活动，因此在现代生产活动中，必须考虑设计的文化内涵。

第一，工业设计必须具有文化内涵。优秀的设计，必然扎根于民族文化的沃土中，具有民族性的文化内涵，才能体现出世界性的意义。和服本是日本的传统服装，属于那种已

经退出历史舞台的文化，但通过设计师的再设计，让和服重放异彩，体现了一种崭新的民族文化的精神内涵。如图2-4体现的是非洲风格的和服设计：非洲的传统色彩与日本传统和服的结合。

第二，工业设计要充分研究和考虑设计作品适用的文化环境，如不同的民族、地域和生活环境。比如在设计中我们就要注意中国人喜欢岁寒三友、日本人忌讳荷花、意大利人不喜欢菊花等习俗。

图2-4 非洲风格的和服设计

图2-5 北京故宫建筑群

作为一种协调诸多矛盾因素的有效手段，工业设计实现了物与人、物与社会、物与环境、物与物等多重内容的协调关系。这种协调的实质，直接影响物质文化内在因素的形成。因此，在分析工业设计与物质文化的关系中，不可避免地要将与物质文化相关联的智能文化、行为文化、观念文化的内容也融合其中，作为一个统一、完整的体系。

比如说，我们看到矗立于面前的故宫建筑群（如图2-5所示），建筑本身的造型、结构、布局、形式等各种因素，体现了它们作为物质文化存在的价值。而反映在物质层面的是它的材料、能源、工艺技术等方面的因素，是古代科学技术水平的象征。其中，智能文化的因素显而易见：封建社会中的制度、行为规范、风情习俗影响下的建筑规划和精湛模式，反映了它所负

图2-6 可口可乐广告

载的行为文化、文化秩序的内容。其次，表现在观念和心理层面的是建筑的设计理念。特别表现在整体环境及室内序列的观念上：它以中轴线两边对称展开的形式，体现出封建人伦社会的"中和"审美观，它是儒家文化中美的极致。这种观念文化的内容，也直接制约建筑的产生和发展。今天，当我们漫步于京城，随处可以体味到中国传统文化的遗韵，这就是各种形态文化的整合，综合作用于建筑物的表征，这便是设计文化本质特征的体现。

（三）工业设计与经济

工业设计还具有特定的经济意义。它能够产生巨大的经济效益，并对生活方式造成巨大的冲击。例如，日本经济的腾飞便与日本工业设计的发展密不可分。日本著名设计大师荣久庵宪司曾声称，"日本可以没有一流的科学家、艺术家，就是不能没有一流的设计家和设计家的事业"。

工业设计是社会物质生产的前提和重要环节，社会生产的目的是满足人们不断增长的物质需要。企业生产的设计作品以商品形式进入市场，实现物品的流通，商品销售直接影响设计作品的生产。因此，市场成为人类经济活动的枢纽。

现代社会要发挥工业设计的文化整合作用，提高产品的文化价值；同时更要适应市场需求，提高产品的附加值和商业利润，这就要把文化取向和市场取向有机地结合起来。美国第一代设计师诺曼·盖茨（Norman Bel Geddes）就把市场调查作为设计工作的主要程序，他认为，在新产品设计之前必须做广泛而周密的市场调查，在把握住消费者的需求主题和同类产品的竞争状况之后，才能开始进行设计的构思与创意，从这个角度来看，市场对设计有制约作用，它要求设计以适应市场的状况出现，市场的改变必然导致设计内容的改变。换句话说，只有满足市场需求的设计才能够占领市场，赢得竞争。

而新的设计创意能否在市场上取得成功，与市场调整和对市场需求的把握有直接的关系。实践证明，即使在调查研究的基础上产生的产品创新方案，也往往只有十分之一能够给企业带来良好的效益。新品种的设计不仅要确保良好的功能，还要有卓越的外观设计和包装。最终，决定其命运的是消费者，只有符合市场需求的产品，才能取得成功。

因此，树立品牌特色非常重要，要在高质量基础上进行商品独特性的形象设计，唤起人们的热情，从而创造市场。有人将"雪碧"、"七喜"和"莱蒙"三种饮料去掉包装分别注入不同的杯子，给消费者品尝，大多数人难以区分它们在口味上的优劣。然而在市场中，雪碧却成为第一消费选择；同时，可口可乐（CocaCola）风靡全球，成为碳酸饮料的第一品牌。这说明，品牌对市场的占有变成了对消费者心理的占有。

质量好的饮料不计其数，为什么都未能形成与可口可乐分庭抗礼之势呢？事实上，可乐除了独特的口味和品性外，它们的包装盒与商标都是由美国著名设计大师罗维设计的，醒目的包装和红色的商标，使这一品牌形象早已深入人心。如图2-6为可口可乐广告。

在市场开发中，设计的目标是指向未来的。从产品开发到设计投产需要一个过程，如果只满足现有市场的需求，时过境迁时就会造成被动的局面。日本索尼（SONY）公司最早在设计观念上提出"创造市场需求"的原则，代替"满足市场需求"的口号。他们认为，要想完全准确地预测市场是不可能的，只有根据人们的潜在需求去开拓市场，引导消费时势，才能提高生产的预见性和主动性。如图2-7为日本索尼公司便携式录放机广告。

（四）工业设计与技术及材料

技术是工业设计的重要因素。美国未来学家阿尔文·托夫勒(Alvin Toffler)在《第三次浪潮》中指出：农业革命是人类社会的第一次变革；18世纪从英国开始的

图2-7 索尼公司便携式录放机广告　　图2-8索特萨斯设计的VALENTINE打字机

工业革命，摧毁了农业文明赖以生存的生产关系和生产工具，创造了标准化、专业化、集中化的工业文明；今天，由于科学技术的高度发展，人类已进入信息社会，工业文明赖以生存的能源工具、生产方式正在被核能、太阳能、计算机、人工智能技术、自动化生产方式所取代。人类社会每次经历重大变革，工业设计都会出现全新的面貌。

设计材料的发展大致经历了自然材料、金属材料、复合材料以及磁性材料等几个历史阶段，例如轧钢、轻金属、塑料、胶合板、层积木等。每一种新材料的出现，都带来了由制造（制作）到设计技术的重大改进。

现代家具设计在材料的革新上，就出现了塑料、铝合金、不锈钢、马赛克、玻璃、有机玻璃等等，这和手工业时代家具的造型就大相径庭了。又如聚乙烯、聚氯乙烯、聚氯丙烯等塑料的出现，大受设计师的青睐，被用于各种产品上，如电话机、电吹风、家具、办公用品、机器零件以及各种包装容器。从塑料这种新材料的应用及发展过程即可看到，每一种新材料的出现总是推动着设计师进行新设计形式的探索。如图2-8为索特萨斯（Ettore Sottsass）1969年设计的VALENTINE：红色塑料外壳打字机。

包豪斯学校首任院长格罗皮乌斯指出："新型人造材料钢、混凝土、玻璃积极取代了传统的建筑原材料。它们的刚度和建筑密度都提供了建筑大跨度和几乎是通透的建筑物的可能性，前代的技术对此显然是无能为力的。这种对于结构体积的巨大节约，本身就是建筑事业的一种革命"。

另外，在一些重大设计如火车头设计、飞机设计、汽车设计以及现代冰箱、电视机、洗衣机等各种家用电器产品的设计中，材料和技术也成为决定设计成败的关键因素。

二、工业设计的相关学科

进入21世纪后，人们对设计的看法已经基本趋同：设计的终极目标就是改善人的环境、工具以及人自身。这种认同感使我们对设计学的任务有了新的认识。设计的经济性质和意识形态性质，即设计的社会特征，使设计学研究必须从传统的、单纯对设计的研究中分离出来，给予其研究对象的经济特征、文化特征、技术特征和社会特征以应有的重视。正是由于这种情形，才出现了另一种现象：一些对当代工业设计有着重要影响的观念，都不是直接来自设计领域。

由此可见，工业设计是一个开放的系统，除了从美术学继承其体系外，还要广泛地从相关的学科，如哲学、经济学、社会学、心理学等获得启发，从而运用系统的思维方法，运用社会学、心理学、美学、形态学、符号学、工程学、人机工程学、色彩学、创造学、经济学、市场学等相关学科的知识来丰富工业设计的内涵和外延。

当前，专家和学者普遍认为工业设计的研究呈现以下三个转向。

（一）心理学转向

基于心理学的工业设计研究主要考察人的行为和审美心理现象，兼有自然科学和社会科学两种属性，这些研究属于心理学延伸到工业设计领域的应用范畴。

也因此，它一方面具有心理学的基本属性，即科学性、客观性和验证性；另一方面又包含设计领域的艺术性和人文性。前者在心理学领域已经形成了比较完善的理论和技术框架，而后者所包含的内容不仅十分广博，而且概念体系非常复杂，美学研究便是如此。于是，人们开始从心理学的角度研究设计创作和设计欣赏，从社会学角度研究设计的起源和功能，从艺术史的角度研究设计风格的形成和发展。由此可见，设计艺术和心理学走到一起是历史的必然。

作为研究对象，此处的人除了具有广泛意义上的人的本质和心理以外，还特指与设计过程和设计结果有关系的人。其实任何人试图描述设计的基本意义时都会涉及心理学的概念和问题，如前面提及的关于设计的定义，便包含了对设计过程和设计本质的描述，它们都与心理学概念相关。

而且，除了设计过程以外，对设计结果即设计的性质、

不同设计的区别及其与社会、经济、文化的关系的研究，也无一例外地与心理学有关。例如，把设计师的设计活动当做是"编码"，消费者的欣赏和购买就是一个"解码"的过程，设计便成为两个个体之间通过不同心理过程完成的艺术行为。

心理学的研究过程是"事实—描述—解释—理论"；其实，在设计的过程中也是如此。

1.事实

心理学研究的求真和证伪都必须从事实出发，以事实为依据。"事实"是人们关于事物的客观认识，是可以观察和重复的事件。

2.描述

描述是就研究对象的状态做出说明。对于事实或研究对象的分类和概念化归纳应该是最基本的描述性科学研究。例如，虽然每一个杯子都是不同的，但"杯子"这个概念是关于所有杯子的，是对所有杯子的归纳。如果在概念上进一步归纳，那么"设计杯子"与"设计盛放液体的器皿"就是不同的概念化过程。这里需要强调的是，在设计的开始阶段，我们对设计对象的定义一定要尽可能地扩张和发散。此外，对造型进行分类研究也是描述造型的基本科学方法，如造型风格的分类。我们通常所说的美国设计的大气、日本设计的精巧、德国设计的严谨、意大利的浪漫，是对世界设计风格的总体描述和分类。虽然，在科学研究的意义上，描述和分类这类研究的层次一般比较低，但在设计与艺术领域中，却占有不可忽视的重要地位。

3.解释

解释是关于研究对象之间的"关系"的。这种"关系"也许是因果关系，也许是一种"相关性"关系；也许是定性的关系，也许是定量的关系；也许是直接的关系，也许是间接的关系。解释通常是指解释事件发生的原因。可以看到的是，对某种事物的解释是通过分析得到的，作为设计人员来说，一定的解释能力是必需的。不过，这里解释的"关系"并不一定就是因果关系，设计师需要这种因果的归纳和推导，但也需要激情和灵感，甚至有些时候灵感更加重要。

4.理论

理论的意义不仅在于揭示事物的规律，它还可以预测事物的发展。我们的设计理论，尤其是工业设计的理论问题，从一开始就存在各种矛盾，这也是理论科学性的一种表现。设计的每一个流派都有一定的理论思想，这些思想相互影响，但也可能相互冲突，比如现代主义提出"少就是多"，而后现代主义则提出"少就是乏味"，等等。

如美国苹果（APPLE）公司推出的iMac就是很好地利用了透明机壳及可爱的糖果色彩来吸引消费者的，并使产品使用者消除了对电子产品高科技感的恐惧，从而取得了巨大的成功，这便是应用心理学研究成果的成功案例。如图2-9 iMac用透明外壳及糖果色的可爱颜色吸引消费者。

（二）语言学转向

基于语言学的工业设计研究在美国尤为突出。1984年莱因哈特·巴特（Reinhart Butter）与美国工业设计师协会合作，为《革新》杂志推出一本主题为"形式的语意学"的特刊。通过克劳斯·克里彭多夫（Klaus Krippendorff）以及巴特等人的文章，这份刊物在美国为这个新的设计观念铺平了道路。同时，飞利浦（PHILIPS）公司在自己的设计活动中大量使用产品语意学的研究成果，并大获成功。由此开始，产品语意经过研讨会、出版物和新的产品路线迅速传播开来。如图2-10为飞利浦公司设计的滚轮收音机。

众所周知，设计不是一门只生产物质现实的学科，它还需要满足沟通的功能。但是近几十年来，设计师却总是只关注于产品诸如功能、物质技术条件等实用功能和产品的社会功能（如操作性问题和需求的满足）。以简单的椅子为例，设计发展必须考虑的不仅是人机工程学、结构和生产技术等方面的要求，还涉及坐的方式，如是在工作单位、家里、公共场所使用？还是在车上坐？短期坐或长期坐？小孩坐还是老人坐？等等，同时也涉及"坐"这个词所具有的隐喻意义，也就是附加的情感或表现的意义。

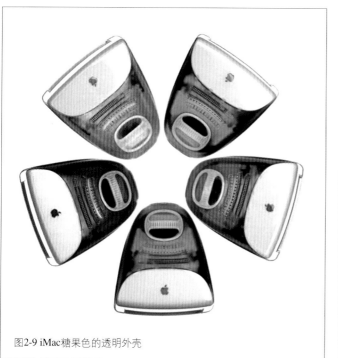

图2-9 iMac糖果色的透明外壳

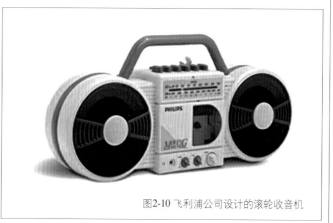

图2-10 飞利浦公司设计的滚轮收音机

翁贝托·埃科（Umberto Eco）以帝王座椅为例，说明了"坐"只是椅子的诸多功能之一，甚至连这个功能都还未能被很好地实现。对王座而言，更重要的是焕发出庄重的威严、表现出权力、唤起敬畏之心。这样的阐释模式和语言背景也被借鉴到其他椅子的设计上来，例如，办公椅必须非常好地满足人机工程学的要求，同时也表现出工作场所中使用者的等级。如图2-11为故宫太和殿皇帝宝座。

图2-11 故宫太和殿皇帝宝座正面及背面

正如蒂尔曼·哈伯马斯（Tilmann Habermas）所言，根据物品符号学特征将其划分为两种广义的类别：家庭用具或象征物品。象征物品是指明确地意味着某些事物，比如信号和旗帜，但也包括图画和图形等美学事物。作为家庭用品的物品则主要是实现一个实用的任务，因此包括可操作的事物和能够有益地使用的物品。

当然，这种多层次的观察可以应用到所有产品上。例如，汽车不只是一种交通工具，也是具有高度象征性的生活或文化用品。罗兰·巴特（Roland Barthes）在对服装的分析中发现，时装也具有双重意义：实际上的实用功能和修辞上的表达。自然的事物向我们说话，那些人为的创造也必须赋予一个声音：它们是如何产生的，运用了哪些技术，来源于什么样的文化脉络等等。它们也应该告诉我们一些有关使用者及其生活方式、对一个社会群体真正的或想象的归属以及价值观等的内容。如图2-12为HUMMER的汽车广告。

所以，设计师首先必须理解这些语言；其次，他们必须能够教会这些物品说话。一旦我们懂得了这一点，我们就能够在物品的形态中认识到生活的独特形态。荷兰飞利浦公司所推出的"滚轮收音机"上市后不久就卖出50万台便很好地说明了语言学研究在工业设计中应用所取得的成就。

（三）人类学转向

人类学（Anthropology）是研究人的科学（the science of man）。用人类学的方法对工业设计进行研究，主要是指以研究人们的日常生活为出发点，以探索用户价值为目的，以实地考察为重要方法；重点在于通过对日常生活的研究，通过重新关注对设计有意义的日常生活细节，揭示用户"未被满足"的需求。

其具体的研究手段是寻找合适的"信息携带者"，然后通过观察、会见、记录，并在此基础上做出"理解性"的描述。文化人类学的基本理念是将任何地方的人都不只是作为经济实体的消费者，而是作为有欲望和需求的社会存在。这些社会存在以显在或潜在的方式，在积极改变自身和周围的环境、创建新的意义、经历和商品的同时，组成了复杂的社会单位并保持日常生活的基本组织。由此可见发现用户需求与新产品、新服务和新技术之间存在的相互作用。

图2-12 HUMMER的汽车广告

这种研究方法可以为产品设计与开发带来新的视野并直接发现潜在用户，特别是一种新产品或服务被引进或在现存的产品或服务中有一些小的变化的时候。

20世纪20年代，哈佛大学的劳埃德·沃纳（Lloyd Warner）在西塞罗、伊利诺伊等地的工厂开始调查工资、工作条件及其他生产力因素；20世纪70年代巴力特（Barnett）博士与露茜·莎琪曼（Lucy Suchman）将人类学观点运用于产品设计；2002年10月IBM雇佣布隆伯格（Blomberg）夫人作为公司的第一位人类学家；苹果、飞利浦、微软等企业也都有自己的人类学家、社会学家和语言学家参与设计；IDEO近年来更是将业务重心由产品设计转向用户研究。人类学方法已经广泛渗透到设计领域。

因为社会、经济、文化、技术等因素对设计的影响都可以统一在"人"这一要素之下，所以工业设计面对的问题归根结底是人的问题，所以设计活动应该遵循人的逻辑来进行，所以也就需要我们深入了解关于"人"的知识、观念和方法，这便是人类学研究的重心。

三、工业设计的学科属性

工业设计不是单纯的关于技术的设计（那是工程设计），也不是单纯的艺术（艺术是其创作者个人情感的表达），而是横跨于艺术与技术之间的综合性边缘学科，这已经毫无疑义。艺术是设计思维的源泉，它体现于人的精神世界，主观的情感审美意识成为设计创造的原动力；技术是设计过程的规范，它体现于人的物质世界，客观的技术机能运用成为设计成功的保证。

英国学者保罗·克拉克（Paul Clark）在与朱利安·弗里曼（Julian Freeman）合著的《速成读本：设计》概述中所阐述的观点，可能更符合当前我们的社会现实以及目前我们对于设计的理解。现摘录如下。

"这本书基本上是关于用品及其历史的。我们人类在制造用品方面已经变得非常在行，只要环顾四周，每一件用品在制造的过程中都包含着设计的因素。

我们用不着为"设计"这个词的确切含义大伤脑筋。它也许包含着发明，或者工艺，也许还包含着一种最初的想法。设计往往在不同的时期和所有这些因素互搭，我们所划的任何界限都会有一点不自然。德国人格斯纳在1565年是设计还是发明了铅笔？19岁的法国数学天才帕斯卡在1642年是发明还是设计了第一台高效的计算器？劳特雷克是一名艺术家还是（有时是）海报设计师？

"设计"可以意指或者暗示许多不同的东西。它当然与产品的外观有关，同时也关心怎么操作。如果强调的是前者，我们可以把它理解为"装饰设计"，如果是后者，我们就叫它"实用设计"。从古希腊花瓶到可作为身份象征的最新款小汽车，几乎每一种设计都包含着外观和功能之间的某种平衡。就材料和规模而言，对设计的需要涵盖着人类活动的所有范围，包括从集成电路到大型工程和建筑布局的所有

事项。所以这是个广大的领域，一个"设计师"可能只在做许多不同工作中的一种。

设计史上一条重要的分水线出现在18世纪晚期的工业设计革命时期。在它之前，当用品是手工制作的时候，它们在不断地变化：有时候这些变化是有意而为的，但多数时候则是意外造成的。一旦到用品被机器制造的时候，对它们的设计就需要更为精心的计划和安排。工艺品在18世纪90年代首次被使用并不是偶然的事。

最近几十年，"设计"这个词在被各种各样的人使用着：美发师变成了"发型设计师"，室内装饰工变成了"室内设计师"，果园园丁也变成了"园林设计师"。设计已经和街上的时尚、人的时尚流动倾向及奢侈的消费混合在一起。有时候"被设计了"或"设计师"似乎理所当然地意味着"被很好地设计了"或是"好的设计师"。正如有人所说的，其实未必如此。

不过，设计确实影响着我们生活的每一个方面。不论我们是在休闲、旅行还是工作，我们都被设计的东西包围着。人类的世界是一个设计出来的世界。所有这些用品是怎样产生的？是在什么时候，又是为什么而产生的？它们是用什么制作的，而且运转得怎么样？哪些人是有功之人？这就是设计的故事，是制造用品的故事。"

工业设计作为以工程技术与美学艺术相结合为基础的设计体系，不同于技术设计。技术设计旨在解决物与物的关系，产品的内部功能、结构、传动原理、组装条件等属于技术范围。工业设计在解决物与物关系的同时，还侧重解决物与人的关系，还涉及产品的外观、造型、形体布局、操纵安排、饰面效果、色彩等属于艺术范围的设计。它还要考虑到产品对人的心理、生理的作用，从而提高市场竞争力。另一方面，工业设计又不同于工业美术和实用美术设计。它所设计的产品首先必须满足消费者的物质需要，以实用功能为最终目的，对产品的外形、图案、装饰、色彩的关注必须以产品特定的功能和内部结构为基础。它的对象主要不是手工艺品，而是批量生产的工业产品。设计是艺术科学和技术的交融结合，集成性和跨学科性是它的本质特征。

20世纪以来，工业设计成为一门独立的学科。由于它与特定的物质、生产与科学技术的紧密关系，使其本身具有自然科学的客观特征；然而另一方面它又与社会政治、文化、艺术之间存在着关系，这又使之具有特殊的意识形态色彩。这两方面的特点，构成了工业设计专业学科独特的性质。因此工业设计本身应该是一种物质文化行为，而工业设计学科则是既有自然科学特征，又有人文学科特征的综合性的边缘学科。

（一）设计科学概念的提出

工业设计是人类设计行为的全过程。在这个过程中，设计对象的主观和客观因素涉及哲学、美学、艺术学、心理学、工程学、管理学、经济学、方法学等诸多学科，使之成为一门包容众多的学科。

设计成为一门科学的概念，是1969年由美国学者赫伯特·西蒙教授（Herbert Alexander Simon）正式提出来的，他认为设计科学是哲学和设计方法学的总和。设计科学的产生，表明设计除了对科学技术成果的具体应用外，在方法论的研究上也有了进步，建立起了相对完整的科学体系。显然，科技的发展在为设计提供新的工具、技术、材料的同时，带来了学科的综合、交叉以及各种科学方法论及其研究的发展，同时也引起了设计思维的变革，从而引发了新的设计观念与设计方法学的产生。如图2-13所以示为杨砾和徐立所著的《人类理性与设计科学——人类设计技能探索》中建立的"设计研究与设计科学"图表。

（二）工业设计方法论

今天，我国工业设计教育职业化和产业化的发展现实，迫切需要设计理论与方法的引导。恩格斯说过："一个民族想要登上科学的高峰，究竟是不能离开理论思维的"。工业设计，以讲究多元化、动态化、优选化及计算机化为特点，如果设计人才缺乏较高的专业理论素养，不能用专业理论和设计方法来指导设计实践，就不可能设计出具有时代特征的作品。

设计方法是指实现设计预想目标的途径。一般包括对计划、调查、分析、构思、表达、评价等方法的掌握和运用。有"设计方法学之父"之称的美国学者纳德列尔（Nadler）早在20世纪60年代就在其设计策略总结中，把信息的收集归入设计的十个重要阶段中。设计师的每一件作品都要考虑功能、形态、色彩、适用环境等一系列问题，这些很大程度上都是靠信息的收集。另一方面还要按照客户的要求，通过大量的素材收集、信息整理和构思来完成设计。

1962年，英国伦敦召开了首次世界设计方法会议，逐渐形成了不同的设计方法流派，极大地丰富了设计方法的研究和运作体系。这些流派和方法主要有三种：一是"计算机辅助设计方法流派"，主张利用属性分解方法对设计进行全方位的研讨和评价；二是由美国奥斯本（Alex F.Osborn）提出的"智力激励法"；三是"主流设计流派"，主张基于严格的数理逻辑的处理，将直观能力与逻辑性思维融为一体。

设计方法论是对设计方法的再研究，也是对设计领域的研究方式、方法的综合。从文艺复兴时期到20世纪中前期，设计还常用比较单一的美术学科知识解决专业范围内的某几类设计问题。新兴的理论使设计取得了方法上的突破，设计师、工程师和设计理论家们从相邻的学科里研究和探索设计问题，从而促使现代设计多元化。

现代科学研究的综合性发展，使许多学科相互交叉、相互渗透，从而促进了边缘学科的产生。工业设计作为融艺术、技术和经济于一体的综合性学科体系，其边缘学科的特征一方面体现在它与其他学科的横向联系的交叉方式中；另一方面，作为其学科自身的不断充实与完善的结果，也同时造就了更加丰富的分支学科领域。分支学科之间的纵横交叉、相互渗透，增强了设计学的丰富内涵。

西蒙在他的著名论文《关于人为事物的科学》中，从人创造思维和事物合理结构之间的辩证统一和互为因果的关系出发，总结出设计科学的基本框架，包括它的定义、研究对象和实践意义。西蒙教授因广义设计学等方面的成就，于1978年成为诺贝尔经济学奖的获得者。他对广义设计学的研究在短短的40年来，促使"设计科学"迅速成长为独立于科学之林的一门新型的边缘学科。

设计的边缘学科性质不仅在于它涉及诸如人类学、社会学、心理学、美学、逻辑学、方法学和思维科学、行为科学等众多传统学科，更重要的是体现在其自身学科框架中所包含的分支领域的边缘性质。把设计科学归纳为7大领域来构筑其整体框架，分别是：设计现象学、设计心理学、设计行为学、设计美学、设计哲学、计算机图形图像学和设计教育学。

这种既属于自然科学体系，又属于社会科学体系的横向交叉特征，决定了设计是理性和感性的综合，即技术与艺术的结合。

图2-13 "设计研究与设计科学"图表

第三章 工业设计要素：360度看产品

《简明不列颠百科全书》对"设计"条目的解释是："设计通常受到四种要素的制约：材料性能，材料加工所起的作用，整体上各部件的结合，整体对于观赏者、使用者、或受其影响者所产生的效果。"实际上包括设计主体和"观赏者"、"使用者"、"受其影响者"在内，工业设计应该具有五种要素：人的要素、功能要素、形式要素、技术要素和经济要素。

将上述五个要素放到"人—产品—环境"的系统中加以思考，即人的要素，包括功能要素和形式要素在内的产品要素以及包括技术要素和经济要素在内的环境要素。

运用科学技术创造的为人工作生活所需要的"物"是工业设计的研究对象。工业设计是一种系统整合行为，是观察、分析、综合、决策、限制及控制的整合。产品是一个整体，衡量一个产品是否合理，必须全面地去评价各子系统之间的关系，孤立地就事论事是没有意义的。

过于突出和强调其中一个或几个因素都会形成工业设计的偏颇或异化。如注重外在物化表现的"装饰论"；突出形态构成要素的组织变化的"造型论"；强调"功能决定一切"的"功能论"；强调产品制造生产过程中的技术地位的"技术论"和追求利润的"商品论"……这些观念都是由于未能全面、系统、整体地把握工业设计，突出或夸大了其中的某些元素，从而破坏了各子系统之间的均衡与和谐，形成了错误的工业设计观。

所幸的是，随着发展，人们逐步认识到了这一点。大家开始用系统的观点，对人与自然、环境、生态、经济、技术、艺术、产品、消费者、企业等诸多相对独立的因素进行全面、整体的把握，从而形成了注重工业设计的全过程，强调生存方式、环境、生态等因素和谐关系的设计生态观。因此，我们只有通过对产品的功能、材料、构造、工艺过程、技术原理以及形态、色彩等因素进行系统的整合和处理，才能真正实现工业设计的全面价值。

一、工业设计的环境要素

具有现代意义的工业设计，是经过工业革命、实现工业化大批量生产以后的产物。而在此之前，人们的造物活动是基于手工劳动的手工艺活动。工业设计的诞生是工业化社会的必然需求和产物。当"基于手工工艺技术的、成本高昂的传统设计（或称工艺美术设计）再也无法满足生产力的发展及商品经济激烈竞争的需要，人们不得不寻找一种基于现代的、机械化的、工程的、工艺技术上的、成本低廉而又具有巨大生产力的设计，最终促成了工业设计的诞生"。

工业设计自诞生之日起，便一直与政治、经济、文化及科学技术水平密切相关，它还与新材料、新工艺的采用相互依存，同时也受到不同时代、不同艺术风格及人们审美取向与爱好的直接影响。

从20世纪初期德意志制造联盟对于标准化、大批量生产方式的探索，到20年代包豪斯学校现代设计教育体系的确立，又经过了50年代功能主义和国际主义风格的流行阶段，再到60年代的波普设计以及80年代后的后现代设计，如今，工业设计在历经百余年的发展后，正呈现出一种多元化的发展态势。在当今以经济、文化全球化为背景的时代，设计同质化的现象日渐突出。以往各国、各地区力图表现本国、本民族设计特色的努力在全球化大潮的冲击下已日渐消解，取而代之的是诸如生态设计、信息设计、体验设计、整合设计、情感设计等各种新的理论、观念或思潮在世界范围内的不断更迭。

凡此种种，都表明工业设计的发展离不开产品所处的环境。

（一）工业设计的经济要素

工业设计的经济要素具体体现在设计的商品化上，它指的是贯穿于设计全过程的经济内容和效益体系。

首先，设计需要从模糊的市场需求中把握方向，为市场开拓明确目标；其次，设计需要不断实现产品的更新换代，以便利用科技进步取得的成果来适应社会生活发展的需要；

最后，设计是创造商品高附加值的方法，它不仅要满足人们的物质需求，还要满足人们的精神需求，满足人们的情感和美感需求，从而提升产品价值，创造更多的产品附加价值。

1.构思和经济要素

在构思和策划过程中，经济要素是不可回避的因素之一，它表现在对设计作品的成本核算、市场调查、销售预测、价格设定等方面的信息参考资料。要想使设计作品取得成功，就必须正确把握这些资料，做到有的放矢，根据这些资料适时地调整自己的设计思路和方案。一则品牌广告、一件家用电器或者一幢住宅，就其本身的成本而言，生产流程、生产技术、产量、价格等方面内容直接影响功能因素的发挥，相应的社会经济环境、市场需求和销售策略则决定了设计作品的实现效果和价值内容。

2.行为和经济要素

设计的行为过程包括"方案—图纸—投产—成品"的全过程，是实际加工的过程。在构思阶段已充分考虑了诸方面的因素，但在实现过程中，还需对成品化进程中的许多问题进行深入设计。这一时期的经济因素主要体现在设计作品的试产、批量生产和专利保护等方面。试制过程是对制作原型进行评价和修正，衡量原型在生产时的材料选择、设备配置、能源消耗等方面的内容，与评价其功能和形式因素具有同等意义；批量生产则是将原型重复生产为相同的各种设计作品的过程，相应的材料、设备、能源和人力投入以及生产方式的变化必然导致设计作品经济因素的调整。为了取得与设计方案相一致的效果，在把握全部成品的功能和形式因素的同时，还必须考虑到批量生产带来的成本投资、管理投资与最终的价格、利润之间的关系，以保证设计构思过程中预测方案的执行。

3.销售和经济要素

把设计作品转化为商品是通过市场销售来实现的，应及时调查市场反应和销售效果，综合反馈信息，以改进设计和进行新的设计作品的构思。其中，经济因素不仅体现在设计成品的综合经济价值观中，而且还是改进、更新和促成新的设计方案产生的基础。商品的综合价值包括实用价值和附加价值两部分，它们共同组成商品的价格体系。销售渠道的不同，使价格呈现出升降状况。各种促销手段也需要适当的投资，只有全面考虑销售环节和市场状况等各种相关的经济因素，才能使设计作品价值的最终实现与预测方案一致。市场的反馈，提供了改进设计的依据，往往能取得新的设计构想，得到与设计作品具有本质差异的新方案的雏形，这意味着一个设计过程的完成和新的设计程序即将开始。

另一方面，设计又是最有效的推动消费的方法，它触发了消费的动机。我们对超市都有一个共同经验，本来进超市只准备买几件物品，结果却经常推出一车东西走出来，远远超过购物单上所列出的物品。超市里琳琅满目的商品从包装到货柜陈列到营销方式，都是为扩大销售而设计的。进入超市的人往往有一种身不由己的感觉，不断地"发现"自己的需要，不知不觉中消费了预算以外的商品。设计也能够唤起隐性的消费欲，使之成为显性。或者说，设计发觉了消费需要，并制造出消费需要。当代广告语言学认为，我们身上根本就不存在一种所谓"自然的"和"生理的"需要，任何需要都是外在事物创造出来的，因而它是社会性的。

实际上，人类物质消费本质上是一种精神消费和文化消费。阿尔都塞（Louis Althusser）在他的名著《意识形态和国家的意识形态机构》中援引了马克思的例子：英国工人阶级需要啤酒，法国工人阶级需要葡萄酒，人类需要本身就是某种文化的体现。因此，并不是设计要靠消费的需要决定和解释，而是人类各个时期不同的需要要由外在的事物来做说明。所以，设计创造消费的能力不仅源于企业对经济效益的追求，而且深深地根植于社会心理同构之中。

（二）工业设计的文化要素

在日常生活中，我们经常可以从各种媒体杂志中了解到与文化有关的词汇，例如饮食文化、酒文化、茶文化、校园文化、企业文化、大众文化、服饰文化等。文化以多姿多彩的面貌呈现在我们的面前；它是特定的人群在一定的历史时期里形成的足以体现其精神、气质和独特追求的物质财富和精神财富的总和，通常包括表层物质文化、中层行为制度文化和深层精神文化三个方面。其中，表层物质文化以器物的方式展现，并以具体的形态、色彩、材质等要素呈现出来，是可见或可触及的，如服饰、食物、建筑、家具等人造物均可归为此类；中层行为制度文化指无法触及却能为我们所感知的制度、风俗习惯、生活方式、生产方式等；深层精神文化则指人们的价值取向、审美趣味、思考方式等，它是内隐而不可轻易感知的。

作为一名工业设计师，除了考虑产品的功能、形态、色彩、表面材质处理之外，若能从人们的生活方式、风俗习惯等方面加以考虑，则能极大地开阔设计的思路。对于用户精神层面需求的关注，也越来越受到当今各国设计师们的重视，如德国著名的青蛙设计公司（Frog Design）就提出了"形式追随情感"（Form Follows Emotion）的口号。

作为工业设计的对象，产品本身是物质的，因此，工业设计首先为我们创造了物质层次的文化。从汽车、火车、飞机等全新的交通工具，到电话、移动电话、在线交流工具等新的人际交流工具，再到冰箱、洗衣机、微波炉等家用电器产品，20世纪的物质文化达到了一个前所未有的高度。试想一下，倘若没有工业设计师的参与，这些产品又如何能够迅速地融入我们的生活，为我们的生活带来如此多的便利和舒适呢？

在我们的日常生活中，常常会有这样一些非常实用却很平凡的物品，平凡到我们认为它们的存在是理所当然的，更不会去深究何时、何地、何人发明了它们。一个典型的例子，就是办公室里所用的钢管椅，如图3-1所示。其造型很有现代感，结构也非常简单，一般使用者是不会去深究到底是谁最先发明该类型钢管椅的，但学过设计史的人肯定能从中发现包豪斯时代钢管椅的影子。工业设计就经常以这种幕后英雄般的沉默方式丰富着人们的生活。

图3-1办公室中的钢管家具

工业设计不仅为人们创造了丰富的物质文化，还创造着行为制度层次的文化。首先，工业设计的结果——新产品的推广使用，不仅丰富着人们的生活，还给人们的行为、生活习惯带来变化。以消费类电子产品中的移动电话为例，它给人们带来了新的沟通方式，随时随地保持联系成为非常容易的事情；与传统的固定电话相比，这种随时随地的交流方式是革命性的突破，不管我们是在听演唱会，还是在看一场激烈对抗的足球比赛，都可以通过移动电话让朋友感受到现场的热烈气氛。其次，在工业设计工作展开的过程中，作为一名优秀的设计师，不仅要考虑物品的功能、形态、色彩、表面材质的处理效果等，而且还要认真观察用户的日常生活，分析他们使用产品的各种习惯，并找出其中存在的不方便和用户未被满足的潜在需求。工业设计不仅是一种外观和形态的设计，更要通过观察、研究人们的行为、习惯，设计出更符合人们使用习惯、更加合理的新产品。工业设计不仅设计着"物"本身，更对与"物"相关的"事"进行着设计。

除了上述两个层次，在精神文化层面，工业设计同样起着创造性的作用。首先，不同时代出现的各种设计理念丰富了人类精神文化的宝库，我们可以回溯到现代主义设计的诞生地——包豪斯。从现象上看，包豪斯的师生们提倡使用现代材料，以批量生产为主要手段，设计出形态上简洁、合理的新产品。在这种现象背后，我们可以依稀分辨出包豪斯的创立者们所具有的理想主义色彩和试图通过设计帮助普通大众改善生活水平的崇高追求。再如后现代主义的一些代表作品，如图3-2罗伯特·文丘里（Robert Venturz）设计的带有图案化表面的椅子，或是如图3-3所示迈克尔·格雷夫斯（Machael Graves）设计的带有小鸟壶嘴的水壶，又会发现它们与现代主义有着截然不同的趣味和追求。与简洁、纯粹、理性的现代主义产品相比，许多后现代主义产品都采用了图案或装饰的手法，增添了产品的人情味，反映了设计师们对于使用者心理和情感的关注。每一种设计观念或是流派的出现，都与那个时代出现的重大问题息息相关，也都在精神层面上为那个时代的设计师们指出了努力的方向。工业设计在精神文化层次的创造性活动，不仅体现在新的设计理念的提出，也体现在具体的产品设计上。除了对外观和使用功能上的考虑之外，很多产品还具有精神上的象征意义，设计师们通过造型语言的运用，使人产生某些精神上的联想。

设计既是文化的能动创造手段，又深受文化的影响。不同国家或地区之间，其环境、气候、地理、物产等方面存在着一定的差异，加上历史发展轨迹的不同，会形成这一国家或地区独特的精神面貌、生活习惯、物品特征，也就是我们所说的文化。这些文化上的差异性和独特性，反映了人类文化的丰富性和多样性。

所谓民族风格和民族特色，包括设计的物质产品的风格特色，正是民族文化模式的一种表现。如美国崇尚商业性设计的理念，善于运用高新技术，能够包容各国不同的风格。美国早期的工业设计师来自各行各业，如平面设计、舞台设计等等；作为一个移民国家，有很多外来设计师为美国的工业设计做出了贡献，如罗维来自法国，埃罗·萨里宁（Eero Saarinen）来自芬兰。德国则是理性主义和功能主义的国度，设计严谨精密，质量可靠，它早期的设计师大多数具有一定的建筑师背景。北欧很多设计师都有一定的木工经验，而以丹麦、芬兰、瑞典为代表的北欧设计，关注家庭和情感需求，在传统工业上谋求突破。意大利具有悠久的文化艺术传统，设计师享有很高的社会地位。

图3-2 文丘里设计的历史风格椅子

图3-3
格雷夫斯设计的自鸣式水壶

（三）工业设计的技术要素

技术要素是指在设计、生产和使用过程中所运用的技术方法，具体体现在设计的物质性上。广义地说，技术概念不仅指根据生产实践经验和自然科学原理而发展成的各种生产工艺、操作方法和技能，还包括相应的生产工具和其他物质设备以及生产的工艺过程或作业程序、方法。

我们知道，工业设计着眼于人的需求，以产品设计为主体，通过创新，使产品的外观、性能与结构相互协调，并在确保产品技术功能的基础上给人以舒适和美的享受。在这个过程当中，工业设计不仅需要运用各种技术，而且产品的造型还受到材料、结构、工艺及其他因素的共同制约。其中技术条件包括材料、制造技术和加工手段，是产品得以实现的物质基础。以通信技术的发展为例，正是依靠通信技术的发展，人们拥有形态各异的电话。从根本上说，工业设计是工业革命的产物，工业革命确立了机械化的生产方式，这种机械化的生产方式所带来的产品大批量生产，在促使产品设计和制作过程分离的同时，也使得产品设计更依附于现代科学技术。工业设计从它诞生的那一天起，就注定了它离不开技术的支持和制约。

反过来，社会前沿的科学技术依附于技术产物进入人们的生活，成为具有一定功能的产品，同样离不开工业设计。如果没有设计，玻璃纤维增强塑料模压成型的工艺也只能是一种技术，不可能成就1946年萨里宁手下的胎椅，如图3-4所示。毋庸置疑，工业设计与技术相互依赖、相互支持，共同为创造适合人们使用的技术产物而服务。正是两者的结合，才使得技术产物经过功能和形式的设计，将人们从繁重的生产劳动及琐碎的日常事务中解脱出来，改善并提高人们的生活质量，引导人们生活观念及生活形态的变化。

首先，设计的发展是建立于技术发展的基础之上的。事实似乎总是这样，技术的发展造就了相应的各种机器和工具，产生了各种各样的工艺操作方法和过程，新能源、新动力以及新材料被源源不断地运用到设计实践当中，接着又凭借这些工具、机器、工艺以及新的材料等，新的产品被不断设计和生产出来，改变着人们的生活方式。20世纪，大量质感各异、性能优异的新材料为设计师提供了多样化的选择，拓宽了设计创意的自由度，极大地丰富了产品的形式与风格，就是一个有力的例证。

图3-4 萨里宁设计的胎椅

销售量超过百万件的索纳特（Thonet）椅子产生于19世纪中叶，是索纳特工厂发明的弯木和塑木新工艺的直接产物。设计师马歇尔·布劳耶（Marcel Breuer）设计的钢管椅开创了现代家居的新纪元。他所设计的椅子充分利用了钢管加工的特点和结构方式，使钢管和皮革或者纺织品相结合，造型优雅、轻巧，功能良好，是现代设计的经典之作。巴塞罗那椅是利用钢骨材料的弹性将椅脚、座位和靠背一体成型，并用皮革来制作坐垫和靠背部分。1957年的郁金香椅使用了塑料和铝两种材料以及不会压坏地面的圆足设计。1996年，设计师威利姆·比尔·斯登夫（William Bill Stumph）和顿·恰·维克（Don Chael Wick）共同设计的办公椅，采用具有弹性、透气性和触感良好的织物绷在强化聚酯框架上，用高强度铝合金做成结实耐用，方便组装、拆卸和修理的扶手、椅腿和支架等，在椅子上还设置了手动调节装置，可以随时调节座椅的形态……诸多形式的椅子的产生，都是建立在当时的新技

图3-5 不同技术背景下的椅子

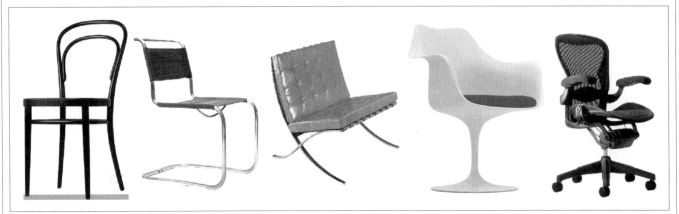

术、新材料或新工艺的技术平台之上，因此，不同时期的椅子的形式也成了对应时期的技术的一个注解。如图3-5不同技术背景下的椅子，从左至右依次为：索纳特椅子、瓦西里椅子、巴塞罗那椅、郁金香椅和旋转扶手椅。

同样也是因为技术的发展，今天各种各样的报纸和杂志上可以印刷出版很多信息图形、图表等，这是引入计算机图形系统前不可想象的。计算机图形技术提供了图形印刷的技术支持，使设计的手段和表现形式都呈现出新的面貌。

由此看来，设计的发展不能脱离技术的发展，技术的进步为设计的发展提供平台。设计是设计师依靠对其有用的、现实的材料和工具，在意识与想象的作用下，受惠于当时的技术文明而进行的一种创造，是一种主观活动。主观活动的主体为技术形成的环境所包围，技术状况发生变化，人们所使用的技法、材料、工具也随之变化，毋庸置疑，技术对设计创造产生着直接影响。

设计的发展对于技术的进步又如何呢？我们先看看下面这个例子。

20世纪70年代末，电子技术的发展为音乐爱好者提供了一种新的产品形式——立体声录音机。有了立体声录音机，人们随时随地可以欣赏音乐，不必着正装到剧院去欣赏。日本索尼公司的创始人井深大先生酷爱音乐，为了防止听音乐时干扰别人，他经常手提着一部录音机，头戴着一个笨重的标准耳机。索尼公司的另一位创始人秋熊森田看到这一情景，马上捕捉到人们对"方便流动的音乐的需要"，立即组织技术人员以产品小型化为目标，专门进行材料、工艺、元器件到工装设备的一系列研制、改造，并用最快的速度推出了一种新型的、便于人们携带的音乐播放器"WALKMAN"，如图3-6就是SONY公司1979年设计的WALKMAN，结果大受欢迎。索尼公司又相继推出防水型以及带调频波段的收录两用Walkman，也取得了巨大成功。从这个例子可以看出，是人们对微型录音机这种新的产品形式的需要刺激了相应的新技术的发展。

图3-6 SONY公司设计的WALKMAN

综上所述，技术是工业设计的手段和基础，技术的发展为设计的发展提供了一个平台，成为设计发展的基础，同时，工业设计又是创造技术产物的手段和将技术转化为生产力的重要环节，工业设计就像是架设在科学技术与人类生活需求之间的一座桥梁。工业设计与技术相互影响，相互促进。

（四）工业设计的社会要素

马克思曾指出："实际创造一个对象世界，改造无机的自然界，这是人作为有意识类的存在物的自我确证。诚然，动物也进行生产，为自己构筑巢穴或居所，如蜜蜂、海狸、蚂蚁等所做的那样。但动物只生产它自己或它的幼崽所直接需要的东西，动物的生产是片面的，而人的生产则是全面的；动物只是在直接的肉体需要的支配下生产，而人则甚至摆脱肉体的需要进行生产，并且只有在摆脱了这种需要时才真正地进行生产"。可以说，在设计的创造和产出过程中，人的内涵从生物的人延伸到思想的人，从生物性走向社会性。设计的社会要素则具体体现为设计的伦理问题和设计师的伦理问题。

在设计所衍生出的一系列社会层面的内容中，设计的伦理问题尤其重要，它决定了设计价值的归属。所谓设计伦理，即设计所包含的道德因素和设计的人道主义精神。设计是通向未来的事业，它不仅仅把技术转化为产品，还是具有整个社会理想的高层次的精神活动，因此要致力于社会道德准则的形成和人际关系的健康发展。概括地说，它包含两方面的内容：设计师的道德问题，即设计的目的是长远的还是短视的？是大众的还是私利的？设计本身的伦理问题，它与某些社会学的内容相关，不是由设计师个人的力量所能决定的。

我国先秦时期的道家已经对器用不当的危害进行了精辟的论证，19世纪德国哲学家马丁·海德格尔（Martin Heidegger）对技术的追问对于设计同样适用,。设计对人类生活的作用究竟是利大于弊还是弊大于利？以人来控制机器还是机器来控制人？

马克思在谈到劳动的异化时说："劳动为富人生产了珍品，却为劳动者产生了赤贫。劳动创造了宫殿，却为劳动者创造贫民窟。劳动创造了美，却使劳动者成为畸形。……劳动生产了智慧，却注定了劳动者的愚钝、痴呆。"在这里，马克思认为异化"不仅意味着他的劳动成为对象，成为外部的存在，而且意味着他的劳动作为一种异己的东西不依赖于他而在他之外存在，并成为同他对立的独立力量；意味着他给予对象的生命作为敌对的和异己的东西同他相对抗"。

随着设计的发展，越来越多的异化问题随之产生，设计师的理想与现实之间的矛盾也逐渐凸现出来。例如，现代主义设计的标志之一——摩天大楼，有效地解决了人口爆炸与用房短缺的矛盾，在有限的空间里，解决了大量人口的居住问题。但是在另一方面，除了玻璃幕墙的空气污染和能源损耗问题，单元楼也使人与人之间隔离起来，阻断了人们之间、邻里之间正常的交流，破坏了居民之间自然的人际关系。往往隔壁的邻居之间互相不认识，老死不相往来的状况非常普遍。

这种状况增加了人与人之间的信任危机，对于孤寡老幼等弱势人群来说，弊端则更加明显。长期在这种环境下居住，人的性格容易走向极端和偏执。近年来公布的城市人口自杀率和犯罪率的增加，与居住环境的恶化不无关系。

同样，随着新商品的大量涌现，广告成为获得消费认同的重要手段。越来越多的商家和生产者为扩大产品的知名度，无限地夸大了广告产品的实际价值和作用，对消费者进行误导，这种行为是违背广告设计伦理的。在日益激烈的竞争环境下，唯利是图，甚至不择手段。因此，对广告行业的整风实际上与设计伦理所倡导的内容是一致的。但是，如何在保证广告效果的前提下，适度保证广告产品的真实性和信誉度，在实际操作中是很难把握的。只有在政府的干预下，广告业整体的伦理约束机制才能形成，设计的伦理问题才能得到根本解决。

再如，电视机在现代家庭的普及，虽然扩大了人们的视野，却也剥夺了人们依靠自身来发现和认识世界的权利。研究表明，电视占用了人们大量的休闲时间，使家庭成员之间的沟通减少，影响了学生完成家庭作业的质量，压缩了人们参加休闲运动的时间，由电视所带来的视力下降、精神紧张、脊柱劳损等健康问题也非常突出，这些都可看作是设计的伦理问题。正如《Domus》杂志主编维托里奥·马尼亚戈·兰普尼亚尼（Vittorio Magnago Lampugnani）所言：我们把设计看成是一种极具耐心的、思考周密的、精确无误的且富有竞争性的工作，我们通常希望其结果是实用、精美，只在极少的情况下我们期待它成为一件艺术品，但这还不够，必须"坚信设计的社会功能意味着引导它脱离单纯的愿望并且使之不仅回归于美学而且回归于伦理的范畴"。

在设计的过程中，我们常常能遇到道德与利益的冲突，设计是坚守道德的底线，还是屈从商业的利益，设计师的作用是毋庸置疑的。以20世纪50年代美国推出的"有计划商品废止制"为例，其目的在于通过新奇、多变的产品外观吸引消费者，倡导个性化消费方式。面对势不可挡的经济利益，设计师对产品的使用周期进行了设计，即在正常的使用情况下，人为地缩短了产品的使用寿命。它的直接后果是，一大批不符合产品设计规律和法则的设计涌现出来，不断刺激和强制增加消费额，造成了大量的人力、物力、财力的浪费。此外，一些不合理的仿生设计，如模拟飞鸟外观造型的汽车驶上街头，增加了交通事故的比例。这种单纯从商业利益出发的设计行为，无疑是反伦理的、反人性的，与设计师对设计的价值取向不无关系。

时代发展到今天，设计师的社会责任问题不仅是设计师个人的修养问题，更是关乎社会和谐稳定发展的重大课题。以我国为例，每年用于礼品包装的费用越来越昂贵，甚至出现中秋节月饼礼盒的价值大于月饼价值的现象，严重背离了设计的目标，同时造成了非正当竞争和材料的极大浪费，如图3-7所示，这是一种典型的设计异化现象。

通过产品所建立的人与物之间、人与人之间的关系在一定程度上决定了社会是否能够健康、有序地发展。设计是一个点，通过这个点可以影响到整个社会的未来面貌，如图3-8所示可口可乐公司推出的包装，为减少材料和对环境的污染，去掉其传统的红色包装。因此，设计师的责任是重大的，设计师要关注的不仅是设计本身的外观和功能，更是设

计对社会的干预，即通过设计行为对人类社会的影响。毕竟，对于生活在人口膨胀时代的人们来说，人类共有一个家园。在人类满足生存需要的同时，应着眼于未来的发展。不仅是当代，更应着眼于未来。绿色设计、生态设计、人性化设计、伦理设计等理念成为当今社会最流行的语汇，它们为设计的未来指明了方向。

早在1962年，米加·布莱克（Migha Black）就提出：一位工业设计师的职责是设计有用且令人愉快的物品，而且他能够使它们表现出富有生机、朝气蓬勃的社会面貌，而不是空洞地反映低级平庸的社会现象。彼得·多蒙（Peter Dormer）在评价这句话时，认为它详细地说明"令人愉快"的内涵，使有思想的设计家和有责任的制造商、零售商及消费者都具有直接而深刻的社会价值观。设计师与其他设计群体之间存在着互动关系，即设计师能通过其作品熏陶消费者，提升其生活品位；反过来，消费者的品位上升后，也能促进设计师提供更多、更有意义的作品，这是一种良性循环。设计师的社会责任决定了设计的未来，以社会公德心自觉地抵御设计中颓废、堕落、不健康、不文明的东西和有悖伦理的不良风气，这是养成设计师职业道德的基础。

二、工业设计的产品要素

格罗皮乌斯在《包豪斯宣言》中宣称"工业设计服务于

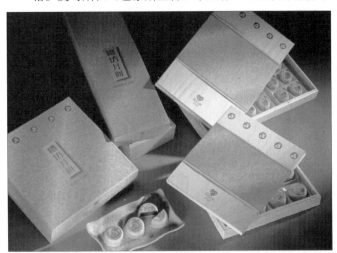

图3-7 月饼的包装设计

图3-8 可口可乐的包装设计

图3-9 电脑及其使用环境

（一）产品的属性

在"人—产品—环境"系统中，产品是工业设计的主要对象，一方面它是系统中"人"这一要素的对象物，如制造者的制品、购买者的商品、使用者的用品等；另一方面又是这一系统中"环境要素"的构成因素，产品的宏观环境主要包括前文所述的经济要素、文化要素、技术要素和社会要素，而微观的产品环境则由与产品相关的人和物所构成的物理环境。显然，上述两种环境因素的构成都离不开"物"的要素，即产品要素，或者是设计中的对象物，或者是与该设计的对象物相关的其他产品或物品。所以，在设计的过程中，我们很有必要重新认识产品的属性。

首先，作为实体的产品，是由产品的物质功能、技术条件和视觉感受等要素所组成的综合体。产品的功能、造型与物质技术条件相互依存、相互制约而又不完全对应地统一于产品之中的辩证关系。透彻地理解并创造性地处理好这三者之间的关系，是产品设计师的主要工作。

其次，从空间角度而言，产品作为一种物质是客观存在的，即产品应具有时间属性和空间属性。其时间属性体现为产品使用情境中所指的"WHEN"概念，即产品的使用时间，而且由该时间要素进一步确定了产品的故事情节；其空间属性则表现为微观的物理环境要素——任何一个设计的对象物总是处于该产品与相关产品及相关人员所构成的某一特定时间条件下的使用场景中，如电脑主机与电脑桌、显示器、键盘、鼠标、音箱等，如图3-9所示。

最后，从时间角度而言，任何一件产品都有其生命周期（此处借用"生命周期"的概念来说明产品从诞生到消亡的全过程），具体表现为"作品—制品—商品—用品—废品"，即产品从概念到作废的全部过程。

1.作品

设计师在进行创作时总会或多或少地体现出自己独特的设计风格：一方面因为在设计活动中，设计师总会凭借自己的经验知识去进行设计，一旦经验的累积达到一定的程度，那么其设计作品就会自然而然地烙上其独特的个性，或体现在风格的运用上，或体现在线条的掌控上，或体现在色彩的搭配上，或体现在细节的处理上；另一方面因为在设计过程中，我们总需要表达出设计师个人对某些特殊要素的理解，如对产品使用情境的理解、对产品使用者特征和需求的预判、对设计作品好坏的评价等等，而这些问题原本就是仁者见仁、智者见智的问题。

所以，在设计的过程中，体现出设计师的个人情感也就在所难免。也就是说，产品作为设计活动的作品，具备表达设计者个人情感的特性。

2.制品

尽管产品作为作品都会体现出设计者的个人情感，但是设计毕竟是设计，而不是艺术，它需要进一步转化为大批量生产模式下的产品，所以设计更多的时候还要考虑其作为制品这一属性的诸多因素，如材料的选择、成型工艺、表面处理工艺、工装设备等。

人而非产品"，而且我们现在提倡"以人为本"的设计理念，这些都表明我们的工业设计活动的目标应该是人。然而工业设计活动要实现为人服务的终极目标，必须以产品为载体和依托。所以，在此我们很有必要深入分析工业设计活动中"人—产品—环境"系统中的产品要素。

工业设计在其设计过程中为实现设计目标必须要考虑产品的相关要素，主要包括四个方面，即产品的视觉感受、物质功能、技术条件以及经济因素或成本。

视觉感受是精神文化层面的因素，它反映了在人、产品与环境的相互关系中产品形态的秩序状态或者审美性，具体表现为产品形态的整体和细节给人的感觉。一般来说，如何使产品给人以良好的视觉感受是工业设计师重要的工作内容之一。

由于产品给人的视觉感受与诸多复杂的因素，诸如产品形态（与材质、形状、尺度、比例、色彩、质感、工艺水平等有关）、产品功能、产品所处的环境及时代性、人的审美情趣（与人的年龄、性别、文化修养、审美能力、社会地位等有关）等密切相关，因此，在设计的过程中必须综合各方面的因素，使产品具有相应的审美性，即视觉感受。

物质功能在这里是指产品物理性的实际效用，例如钟表的计时功能、灯具的照明功能等，它是产品存在的前提。产品的功能作为人的能力的扩大与延伸，应当便于使用、高效和具有良好的其他人机工程学品质。按照专业分工，使产品具备良好的物理性功能主要是工程技术人员的任务，但是设计师必须参与功能规划、定位等相关工作，并通过其所设计的产品形态充分体现产品的功能。

技术条件是指保证工业产品具有良好的视觉感受与功能的重要基础，它表现为产品技术原理、结构、材料、加工与生产的质量等。产品技术问题的解决主要由工程技术人员考虑，但设计师必须按照设计的目标提出自己的要求和选择意见。经济性在广义上讲是指完成产品设计与制造的费用以及产品的经济效益；从狭义上讲，就是单指产品设计与制造的成本。

如前文所述，产品会受到材料、结构、工艺及其他相关要素的限制。但材料、结构、工艺等因素同时又会促进设计的发展。从中世纪时期的哥特式座椅，到19世纪中叶出现的以弯木和塑木生产工艺、可以自己装配的索纳特椅子，以及19世纪末20世纪初新艺术运动时期出现的铸铁座椅，再到20世纪20年代设计师布劳耶设计的钢管椅，开创了现代家居的新纪元。20世纪30年代，以阿尔瓦·阿尔托（Alvar Aalto）为代表的斯堪的纳维亚设计，使用胶合板材料设计了大量座椅，到40年代使用玻璃纤维增强塑料模压成型工艺的胎椅，再到50年代使用塑料和铝两种材料以及不会压坏地面的圆足设计的郁金香椅等等，无不体现出材料及其加工工艺对设计的影响。而这，也正是产品作为"制品"这一属性需要着重考虑的因素。

图3-10 手机的不同结构和构造形式

此外，还有结构和构造的因素，也是产品的"制品"属性需要考虑的重要因素。还是以手机为例，从简单的直板手机，到翻盖手机、滑盖手机、旋转手机、侧滑盖手机等等，都是从结构和构造因素出发进行的创新。如图3-10所示为手机的不同结构和构造形式：直板手机、翻盖手机、滑盖手机、旋转手机和侧滑盖手机。

3.商品

设计师的作品首先要能转化为以"大批量"为主要特征的流水线上的制品，这样我们的设计才会变得更有意义；但如果仅仅停留在这个阶段，而不进一步去考虑设计的商品化，那我们的设计又会前功尽弃。因为，我们的作品必须要经过流通到达消费者和使用者的手中，才能真正实现其"为人服务"的目标。也就是说，我们要进一步考虑其作为"商品"的社会属性。

4.用品

工业设计的真正目的是完成某件产品的设计并通过该产品的使用实现其"为人服务"的价值。所以，设计的合理性是其首要特征，具体则体现为产品作为"用品"时与该使用情境中相关人员的关系。

首先，产品使用起来应该特别方便，能充分实现其使用价值。如灯具是为了照明的、手机在打电话的时候拿着比较舒服、办公用的桌椅用起来比较稳定而且长时间使用时不会感觉到不舒服等等。

其次，产品使用起来应该比较舒适，并具备一定的辅助功能。一方面我们在实现了产品基本功能的前提下，进一步提高其为人服务的质量，以使产品的使用者能较舒适地使用该产品；另一方面，产品除了其基本功能以外，还有辅助功能，我们可以通过为产品增加辅助功能提升产品的使用价值。

最后，产品能承载和实现使用者的某些梦想。也就是说，可以设计"有用的、好用的而且希望拥有的"产品。如图3-11所示吉普（Jeep）所营造的越野感，如图3-12所示哈雷（Harley Davidson）摩托所体现的尊贵感和运动感等。

5.废品

自20世纪80年代开始，我们越来越关注设计对环境的影响，并由此提出了以"3R"（Reduce、Reuse、Recycle）为特征的绿色设计，倡导在设计的时候要充分考虑产品对环境的影响。例如一次性消费的日用品，从设计角度来看，它是

图3-11 吉普广告

图3-12 哈雷摩托广告

成功的，它给人的生活带来方便，又给商家带来利润；但从人类长远的利益考虑，从人类未来的生存环境角度来看，一次性消费品是有害的。又如可回收材料在设计中的利用，现在越来越多的设计中置入了某些采用可回收材料制成的部件，且这些部件可以在其他某些产品上通用。这些便都是从

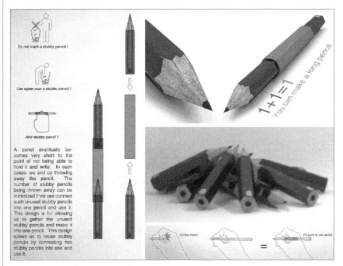

图3-13 1+1=1 废旧铅笔联结器

产品的"废品"属性出发对其进行的设计，如图3-13所示1+1=1：废旧铅笔联结器。

可以毫不夸张地说，如果我们在设计的时候只是仅仅将每一件产品作为自己的作品，那么这件产品最终可能只会是设计师的一幅画作而已；如果我们在设计的时候最后只是将其作为一件制品，那么这件产品的结局将是从流水线上下来的时候便已寿终正寝；如果我们在设计的时候最后只是将其作为一件商品，那么这件产品即便我们买回来了也会将其束之高阁，最终落满了灰尘；如果我们在设计的时候最后只是将其作为一件用品，那么这件产品实现了其功能之后便会成为鸡肋，甚至是我们生活的累赘。只有在设计的过程中真正考虑到了产品作为作品、制品、商品、用品直至废品的不同属性，我们的设计才能真正实现其价值。

（二）产品的皮肤：形态、色彩与材质

无可厚非，"产品设计是功能与形式的统一"。功能和形式是产品设计的基本要素，而现代产品一般给人传递两种信息：一种是理性信息，如通常提到的产品的功能、材料、工艺等，它们是产品存在的基础；另一种是感性信息，如产品的造型、色彩、使用方式等，其更多地与产品的形态生成有关。

设计的形式要素是指设计作品外在的造型要素，如形态、色彩、材质与装饰等的构成关系。它与功能因素有着相辅相成的联系，外在造型因素是设计作品功能因素信息最直接的媒介，它的产生受到实用功能的制约，同时又对认知功能的形成具有重要作用。

1.形态：空间形态和造型艺术的结合

形态是营造设计主题的一个重要方面，它主要通过产品的尺度、形状、比例及层次关系对心理体验的影响，让用户产生拥有感、成就感、亲切感，同时还应营造必要的环境氛围，使人产生夸张、含蓄、趣味、愉悦、轻松、神秘等不同的心理情绪。

图3-14 不同形态的椅子

例如，对称或矩形能显示造型严谨，有利于营造庄严、宁静、典雅、明快的气氛；圆和椭圆形能显示包容，有利于营造完满、活泼的气氛；用自由曲线创造动态造型，有利于营造热烈、自由、亲切的气氛。特别是自由曲线对人更有吸引力，它的自由度强，更自然、也更具生活气息，创造出的形态富有节奏、韵律和美感。流畅的曲线既柔中带刚，又能做到有放有收、有张有弛，完全可以满足现代设计所追求的简洁和韵律感。曲线造型所产生的活泼效果使人更容易感受

如图3-15裁纸刀的进退刀按钮设计

图3-17对讲机的不同旋钮

到生命的力量，激发观赏者产生共鸣。利用残缺、变异等造型手段便于营造时尚、前卫的主题。残缺属于不完整的美，残缺形态组合会产生神奇的效果，给人以极大的视觉冲击力和前卫艺术感。如图3-14不同形态的椅子给人不同的视觉感受：庄重、亲切、美感和前卫。

如图3-16水果刀或切菜刀

形态还能表现产品情态，如体量的变化、材质的变化、色彩的变化、形态的夸张或关联等，都能引起人们的注意。产品只有借助其外部形态特征，才能成为人们的使用对象和认知对象，发挥自身的功能。此外，产品形态还能体现一定的指示性特征，暗示人们该产品的使用方式，如裁纸刀的进退刀按钮设计为大拇指的负形，并设计有凸筋，不仅便于刀片的进退操作，还暗示了它的使用方式。许多水果刀或切菜刀也设计为负形以指示手握的位置，如图3-15、图3-16所示。

图3-18 不同品牌笔记本的形态语言

同时，还可以通过造型的因果联系来提示产品的功能。如旋钮的造型采用周边侧面凹凸纹槽的多少、粗细这种视觉形态，以传达出旋钮是精细的微调还是大旋量的粗调，如图3-17为对讲机的不同旋钮；容器利用开口的大小来暗示所盛放物品的种类，普通矿泉水瓶口与功能饮料瓶口就根据人们使用习惯的不同设计成不同的尺寸。

而且，通过产品形态特征还能表现出产品的象征性，如产品本身的档次、性质和趣味性等。通过形态语言体现出产品的技术特征、产品功能和内在品质，包括零件之间的过渡、表面肌理、色彩搭配等方面的关系处理，体现产品的优异品质、精湛工艺。如图3-18为不同品牌笔记本的形态语言：SONY的娱乐功能、IBM的商务功能和APPLE的图像处理功能。通过形态语言把握好产品的档次象征，体现某一产品的等级和与众不同，往往通过产品标志、局部典型造型或醒目的色彩、材料甚至价格等来体现。当然，通过产品形态语言也能体现产品的安全象征，在电器类、机械类及手工工具类产品设计中具有重要意义。

2.色彩：情感与文化的象征

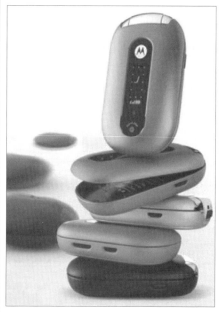

作为产品的色彩外观，不仅具备审美性和装饰性，而且还具备符号意义和象征意义。作为视觉审美的核心，色彩深刻地影响着人们的视觉感受和情绪状态。人类对色彩的感觉最强烈、最直接，印象也最深刻，产品的色彩来自色彩对人的视觉感受和生理刺激，以及由此而产生的丰富的经验联想和生理联想，从而产生复杂的心理反应。

产品设计中的色彩包括色相、明度、纯度以及色彩对人的生理、心理的影响。色彩对空间意境的形成有很重要的作用，它服从于产品的主题，使产品更具生命力。色彩给人的感受是强烈的，不同的色彩及组合会给人带来不同的感受：红色热烈、蓝色宁静、紫色神秘、白色单纯、黑色凝重、灰色质朴，都表达出不同的情绪，成为不同的象征。如图3-19所示为Motorola U6不同的色彩方案。

产品设计中的色彩还能暗示人们的使用方式和提醒人们的注意，如传统照相机大多以黑色作为外壳表面，显示其不透光性，同时提醒人们注意避光，并给人以专业的精密严谨感。而现代数码相机则以银色、灰色以及更多鲜明的色彩系列作为产品的色彩呈现，如图3-20为传统照相机与现代数码相机的颜色对比。色彩设计应依据产品表达的主题，体现其诉求。而对色彩的感受还受到所处时代、社会、文化、地区及生活方式、习俗的影响，反映着追求时代潮流的倾向。

图3-19 Motorola U6 不同的色彩方案

图3-20 传统照相机与现代数码相机的颜色对比

图3-21 利用色彩对铝饭盒的创新设计

同时，所有的色彩感受都是建立在人的视觉感官的生理基础上的。人在接受色彩刺激时会产生丰富的生理反应和心理反应，生理反应中的色彩错觉和幻觉最为突出。其中不同人的个体差异，群体共同的色彩感情以及时代和社会环境的变化，都成为对色彩好恶的决定性内容。人们对于色彩的这些感受与反应，被充分地运用到设计中，形成流行色、主色调等专业色彩的学问，并成为工业设计中不可缺少的要素。如图3-21为利用色彩对铝饭盒的创新设计。

3.材质：材料质感和肌理的传递

人对材质的知觉心理过程是不可否认的，而质感本身又是一种艺术形式。

如果产品的空间形态是感人的，那么利用良好的材质与色彩可以使产品设计以最简约的方式充满艺术性。材料的质感肌理是通过表面特征给人以视觉和触觉感受以及心理联想及象征意义的，如图3-22所示为Living Stones柔软的鹅卵石肌理效果。

产品形态中的肌理因素能够暗示使用方式或起警示作用。如人们早就发现手指尖上的指纹，将把手的接触面变成了细线状的突起物，从而提高了手的敏感度并增加了把持物体的摩擦力，这使产品尤其是手工工具的把手获得有效的利用，并作为手指用力和把持处的暗示，如图3-23牙刷的手柄设计。

图3-22 Living Stones柔软的鹅卵石肌理效果

图3-23 牙刷的手柄设计

同时，我们还可以通过选择合适的造型材料来增加感性和浪漫成分，使产品与人的互动性更强。在选择材料时不仅用材料的强度、耐磨性等物理量来做评定，而且考虑材料与人的情感关系远近作为重要评价尺度。不同的质感肌理能给人不同的心理感受，如玻璃、钢材可以表达产品的科技气息，木材、竹材可以表达自然、古朴、人情意味，皮革则可以表达亲切和温暖感等。材料质感和肌理的性能特征将直接影响到材料用于所制产品后最终的视觉效果。工业设计师应当熟悉不同材料的性能特征，对材质、肌理与形态、结构等方面的关系进行深入的分析和研究，科学合理地加以选用，以符合产品设计的需要，如图3-24巴塞罗那椅中金属材料与皮革材料的对比。

上述形态、色彩和材质三个因素，共同组成了产品的视觉感受要素，它们是产品最表层的设计要素，也是与人的视觉、触觉等直接发生联系的设计要素，所以此处将其归纳为"产品的皮肤"。

优秀的产品造型设计总是通过形态、色彩和材质三方面的相互交融而提升到意境层面，以体现并折射出隐藏在物质形态表象后面的产品精神。这种精神通过用户的联想与想象而得以传递，在人和产品的互动过程中满足用户潜意识的渴望，实现产品的情感价值。

（三）产品的肌肉：结构、构造与材料

功能是产品的决定性因素，功能决定着产品的造型，但功能不是决定造型的唯一因素，而且功能与造型也不是一一对应的关系。造型有其自身独特的方法和手段，同一产品功能，往往可以采取多种造型形态，这也正是工程师不能替代产品设计师的根本原因所在。当然，造型不能与功能相矛盾，不能为了造型而造型。物质技术条件是实现功能与造型的根本条件，是构成产品功能与造型的中介因素。它也具有相对的不确定性，相同或类似功能与造型的椅子，可以选择不同的材料；材料不同，加工方法也不同；同时，也可以选择不同的结构或者构造。因而，产品设计师只有掌握了各种材料的特性与相应的加工工艺以及结构与构造知识，才能更好地进行设计。也就是说，只有通过结构、构造以及材料所组成的"肌肉系统"，将由形态、色彩和材质所组成的"皮肤系统"与功能组成的"骨骼系统"连接起来的时候，产品才能真正做到有血有肉，才能真正实现其功能和价值。

1.结构与构造：产品形态组合的秩序

作为存在于三维空间的立体物，如果产品不具备将线、面、体等各种造型因素组合起来的具体构造法则的话，就不可能形成它的形态。因此，对于造型来说，结构与构造是必不可少的要素。

图3-24 巴塞罗那椅中金属材料与皮革材料的对比

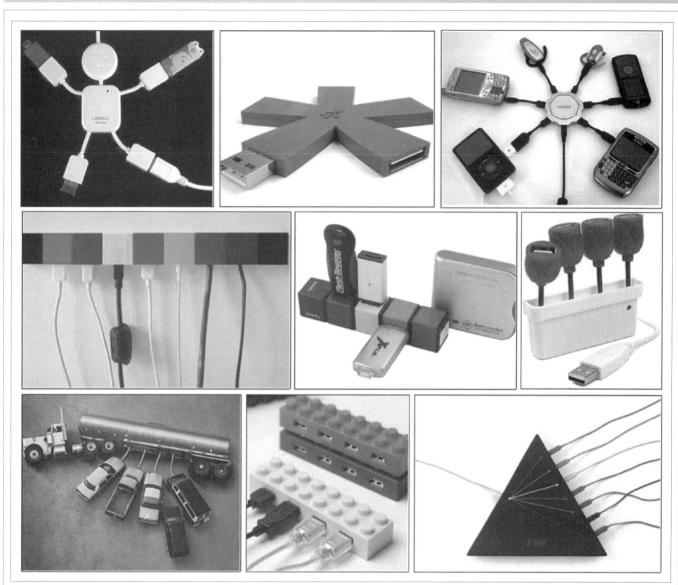

图3-25 不同的集线器设计

现代设计师通过金属管材的新结构来设计各种椅子，也使用新型玻璃设计椅子和建筑，并发明了玻璃材料新的组合结构。但如果椅子一坐在上面就坏掉了，那将会是件很糟糕的事情；如果橱柜由于放了稍多东西而坍塌，也是不允许发生的事；如果建筑物遇到地震就倒塌，如何能让人安心地生活和工作？在我们周围，如果物体不能满足设计标准的强度要求，就会形成潜在的危险，这样的例子很多。所以在学习造型时，对结构以及构造的研究就显得非常必要，习惯性地对结构和构造进行研究应该成为设计师的一项职业素养。也许设计师并不能将那么多新的结构和构造都全部应用于具体设计中，但应该把发现新的结构和构造作为自己的一项日常研究。对于自然界的构造研究以及其他学术领域的构造研究都是很必要的。

很多时候，新的设计发现创造新的"节点"类型和新的造型。日用品、家具、建筑等细部构造都是由一个个的"节点"所决定和体现的。生活中很多新的创意、新的要求、新的材料（造型可能）都是由新的结构和构造来表现的。如图3-

25所示，不同的集线器设计其实有着相同的原理，不同的造型是基于不同的结构形式完成的。

新的材料技术通过新的创意产生新的构造。日本的GK工业设计研究所创造的"活的道具"构造，由"表皮部"、"器官部"、"骨骼部"三个主要部分组成。以"骨骼"为中心的骨架组合，"表皮"与"器官"根据用途并且在损坏时可以自由替换的方法，设计成不同的道具，这是一个由设计创意体现构造的例子。产品的形态、构造受材料、技术的影响很大，在这些方面进行思考产生的创意使产品有很大的变化。个人的思考方法、组织的思考方法、时代的思考方法等有各种各样的，根据所产生的新创意必须要有相适应的构造和结构。

2.材料：产品造型实现的载体

听材料讲的"故事"，不管是在雕刻的殿堂还是在设计的世界都是一样的。米开朗琪罗（Michelangelo Buonarroti）是在用耳朵倾听大理石的呼声；而工业设计师则是在用皮肤去感触每一块材料的特性，再赋予它们一个个相吻合的内容，使之成为一张桌子或是一把椅子。人类历史上制作的椅子其形态每一个都是不同的。而根据木头、金属或塑料的造型可能性加以展开制作的椅子，则是利用材料的有限特性来构成形态，如图3-26为不同材质和肌理效果的天鹅椅。

显然，发现材料潜在的造型可能性，将其特点扩展，便可以创造出极具个性特色的产品形态。同时，如果将眼前"熟悉"的材料赋予新的解释，也可以产生新的作品。根据某材料的功能加以造型化，也就是说对材料的造型可能性的认识是发现材料新功能的产物。材料与功能相互作用、相互融合，产生新的造型，通过程式化固定下来并加以发展，从而进一步丰富了造型世界的内容。在我们的日常生活中，有很多例子都是基于对材料认识和研究所发现的新功能，创造出新的造型形态，如图3-27采用类似于"喷射"方式加工出来的座椅。

材料对设计师既可以起到限制作用、也可以起到激励作用。限制是因为没有什么材料可以违反其本质而被强制成什么特别的形状；激励则是因为对某些材料特定材质的理解给了设计师创新的自由。材料使用中的总体整合是优秀设计的一个重要方面，它意味着对使用的材料内在特质的如实利用和真实表达。例如，被意大利设计师们如此有效地利用的塑料被频繁用来取代其他具有完全不同材质的材料，代替了织品、皮革、泥土和大理石，尽管这样的替代材料更为经久耐用，而且便于维护保养，但是它们缺少天然材料所拥有的温暖感、触摸感和气味等。

同样都是椅子，维纳·潘顿（Verner Panton）于1959—1960年设计制作的第一把椅子和里特维尔德于1934年设计的无扶手单人椅就截然不同，如图3-28所示：潘顿设计的玻璃纤维增强塑料椅和里特维尔德设计的Z形折弯椅。两者都很简洁，都是外形上大体呈Z字形的无扶手单人椅；两者都采用悬臂结构，而且坐上去都相当舒适。但是，前者体现了塑料的流畅光滑和易于弯曲的材质。它没有接头，也不需要接头，因为用铸模压制的塑料平衡点相当好，足以支撑就座者的体重。后者则是用木板按一定的角度制成的，在三个方位连接起来，并用榫头加固。通过适当的结构，这把椅子实际上具有某种程度的弹性，拥有相当的张力以防止断裂。

图3-26 不同材质和肌理效果的天鹅椅

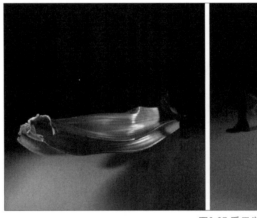
图3-27 采用类似于"喷射"方式加工出来的座椅

图3-28 无扶手单人椅

（四）产品的骨骼：功能

功能可以理解为功用、作用、效能、用途、目的等。对于一件产品来说，功能就是产品的用途、产品所担负的"职能"或所起的作用。在设计史上，无论是"功能主义"，还是"一般功能"，又或者是"功能否定"，都是设计师或者设计理论家一个不可回避的问题。可以说，功能问题一直就是工业设计的核心问题。

从功能所体现出来的内容来看，功能要素包括实用功能、认知功能、象征功能和审美功能。

1.实用功能

实用功能是设计目标与人的需求目标相一致的物质能量，也称物质功能。一方面它体现出工业设计产品自身的物质属性所传达的用途意义；另一方面作为与人交换和满足的媒介。由结构、材料和工艺技术等要素组成的品质，在形成过程中，是以最符合实际用途为原则的。实用功能作为功能因素的基本内容，是认知功能和审美功能产生的基础。

2.认知功能

认知功能是指由设计作品的外在形式所呈现的精神功能。认知是通过人体器官接受各种信息刺激，形成整体知觉，从而产生概念或表象。因此，认知功能还需要依靠实用功能才能传递足够的信息。认知功能直接影响人对设计作品的识别和由此确定的心理定向，从而进一步影响人对物的判断和行为，包括喜爱和厌恶、接受和排斥等。认知功能显示了物的特性和运用方式，外在形式的内容直接影响着人对设计作品的认知定向，影响着人在使用中的行为观念和心理趋向。

3.象征功能

象征功能是认知功能的深层反映。它传达设计作品"意味着什么"的信息内涵，提示这种内涵的某种替代所隐喻与暗示的思想；也体现出社会意义、伦理观念，是象征符号形成和运用的结果。如：一个家庭门厅装饰的档次，不仅表现出它实在的用途，同时还显示出主人的经济水平、身份与审美取向；一个人服饰的款式、质地、色彩和穿着方式，往往提示着这个人的素养及性格状况。象征功能还能折射出一定时代、民族和历史传统所构成的文脉，成为人与人之间思想交流的重要手段。

4.审美功能

审美功能是指设计作品的构成形式所体现的美感品位。这种美的品位感受，是设计作品与人之间发生相互关系而产生的，具有高级精神功能的因素。物品在使用过程中能否使人产生美感，是判断设计作品是否具有审美功能的依据，而美的取得一方面来自物品自身的整体形象所显示的功能、形式和技术因素，另一方面也来自人的情感体验。

具备功能美和形式美的设计作品，如果没有人的情感认同，是不可能独立存在的。情感认同的超功利性和直觉性，都使审美功能以非理性和非逻辑性的复杂状态出现，同时，它又是可以通过功能美和形式美的统一完善来得到的。因此，审美功能的建立必须是在综合了设计作品的实用功能和认知功能，综合了人对以往相关物品的使用经验和认识，综合了人在不同的社会需求和精神需求的基础上而萌发的情感认同和审美感受。这也成为影响人们对设计作品进行综合评价的重要因素。

（五）功能要素

如果根据产品功能的性质、用途和重要程度来看，功能要素又可以分为基本功能、辅助功能、使用功能、表现功能、必要功能和多余功能等。

1.基本功能与辅助功能

基本功能即主要功能，它是指体现该产品的用途必不可少的功能，是产品的基本价值所在。例如，手机的基本功能是通信，如果手机的基本功能改变了，产品的用途也将随之改变。如图3-29为针对iPad的几种不同支架：长尾夹、木质底座和橡胶底座。

辅助功能是指基本功能以外附加的功能，也叫二次功能。如手机的基本功能是进行通信，但现在手机为适应消费者的需要，往往都附加了媒体播放、摄影、摄像、游戏等辅助功能。

2.使用功能与表现功能

使用功能是指产品提供的使用价值或实际用途，它通过基本功能和辅助功能反映出来，如带音响的石英钟，既要显示时间，又要按时发出声音。

表现功能是对产品进行美化、起装饰作用的功能，通常与人的视觉、触觉、听觉等发生直接关系，影响使用者的心

图3-29 针对iPad的几种不同支架

理感受和主观意识。表现功能一般通过产品的造型、色彩、材料等方面的设计来实现，如图3-30为产品的表现功能：非洲艺术风格的DELL笔记本电脑。

3.必要功能与多余功能

必要功能是指用户要求的产品必备功能，如钟表的计时功能是必要功能，若无此功能，它就失去了价值。必要功能通常包括基本功能和辅助功能，但辅助功能不一定都是必要功能。

多余功能是指对用户而言可有可无的，甚至不需要的功能。之所以产生产品的多余功能，一般由于设计师设计理念的错误和企业在激烈市场竞争中的错误导向。

显然，第二种分类方式对于设计师而言更加直观和容易理解。

产品的基本功能是设计的必要条件，通常也就是产品的必要功能，如果这些基本功能不能满足，那么产品就没有存在的必要；其次，产品的辅助功能则是提升产品价值的有效途径，尤其现在提倡生态设计和人性化设计，所以很多具有附加功能的产品必然会受到大家的欢迎和青睐。不过需要注意的是，辅助功能的设计不能影响产品的基本功能，否则会有画蛇添足之嫌；其次，产品的表现功能是提升产品附加价值的有效途径，通常是指产品的认知功能、审美功能或者象征功能，主要通过物质的实用功能以外的其他主观的、感受性的设计元素体现出来。以上功能要素共同组成产品的骨骼系统，即支撑产品形成和存在的核心与关键。

三、工业设计中"人"的要素

工业设计的目标，是以"人"为中心，以艺术手法与科学技术相结合的途径，创造人所需要的物质和环境，并使人与物质、人与环境、人与社会相互协调。所以，人的要素才是工业设计的根本要素。

"为人服务"是工业设计的既定目标。设计是为人服务的，不同民族、不同地域、不同社会形态、不同文化传统的人，对改造自然和社会、适应生存发展所运用的原理、材料、生产也不同，其创造出来的事与物也是不同的。新技术、新材料、新形式、新色彩、新结构、新功能、新思维、新产品层出不穷，都是为了满足不同人的需要。有的企业以市场代替了生活，竞争代替了需求，形式美代替了功能，信息代替了亲身调查，外国的模式代替了中国的传统特色……这些以追逐利润为目的的设计，实际上已经不再是真正的设计。标志着当代科学与艺术融合的设计，始终从物质上、精神上关注着以人为根据、以人为归宿、以人为世界终极的价值判断。

同时，人既有生物性，又有社会性。因此，"以人为中心"的设计便拥有了双重含义，体现了作为人类生存方式的认识、改造自然的物质生产过程；体现了社会方式的更新变化过程。"为人服务"就是满足人的衣、食、住、行和审美享受的需要，就是在工业设计的过程中充分适应人们生理的、心理的需求；其次，人类具有不断发展的需求，需要不

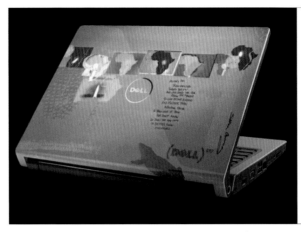

图3-30 非洲艺术风格的DELL笔记本电脑

断更新和开发新的设计作品来满足这种需求，作为一个变化的动态体系，"为人的设计"还存在于以设计作品引导需求的过程中。如图3-31的Keyboard for Kids和图3-32的儿童笑脸餐具。

因此，很有必要深入分析"人—产品—环境"这一宏观语境中"人"的要素。

（一）从产品生命周期看产品的利益相关者

产品生命周期是基于市场学的一个重要概念，它"是指一个产品进入市场到退出市场所经历的市场生命循环过程，

图3-31 Keyboard for Kids

图3-32 儿童笑脸餐具

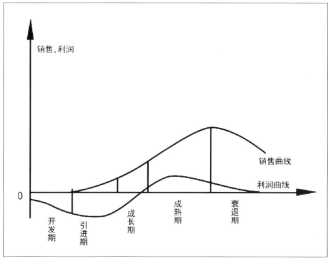

图3-33 产品生命周期示意图

图3-34 飞利浦公司的医疗设备

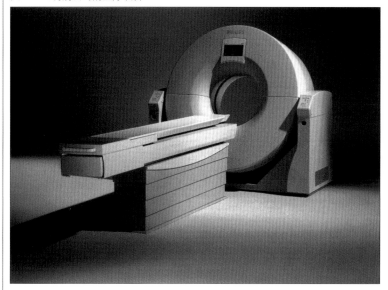

进入和退出市场标志着周期的开始和结束"。任何产品从销售量和时间的增长变化来看，从开发生产到形成市场，直至衰退停产都有一定的规律性。产品的生命周期一般分为开发期、引进期、成长期、成熟期和衰退期五个阶段。在产品生命周期的各个阶段，销售额随产品进入市场时间不同而发生变化，通常可用S形的曲线来表示。如图3-33为产品生命周期示意图。

此处，借用"产品生命周期"的概念来说明工业设计活动中产品从诞生到消亡的全过程，从时间角度而言，即从产品从概念到作废的全部过程，具体表现为"作品—制品—商品—用品—废品"。在不同的属性阶段，产品体现出不同的特征，也对设计提出不同的要求。

利益相关者是管理学中的概念，最早见于弗里曼（Edward Freeman）1984年出版的《战略管理：利益相关者管理的分析方法》一书，指股东、债权人等可能对公司的现金流有要求权的人。管理学意义上的利益相关者则是指组织外部环境中受组织决策和行动影响的任何相关者。他可能是客户内部的成员，如雇员；也可能是客户外部的人员，如供应商。具体而言，主要包括企业的股东、债权人、雇员、消费者、供应商等交易伙伴，也包括政府部门、本地居民、本地社区、媒体、环保主义的压力集团，甚至包括自然环境、人类后代等受到企业经营活动直接或间接影响的客体。

此处，借用管理学中的"利益相关者"代指工业设计过程中我们需要着重考虑的与产品和环境相关的人的要素，如产品的生产者、购买者、销售者、使用者、维修人员等，这些不同的人群往往会对产品的设计提出不同的要求，而这些需求正是"以人为中心"的设计理念中所强调的人的需求。

以日用品设计为例，设计师首先要考虑设计的目的，进而分析服务对象的生理和心理需求、使用要求、美观要求、舒适程度以及生产材料、加工工艺限制。生产厂家考虑的是投入与产出、材料与工艺、价格与市场等；经销商更多地考虑的是产品成本、运输、购买及售后服务；消费者则关注产品的使用功能、外观、色彩、尺寸、材料、价格等因素。

又如医疗设备的设计。通常，当我们设计普通的家用电器产品时，产品的购买者就是产品的最终使用者。但是医疗设备却有些不同，是由医院的管理者来购买，由医生和护士来操作，而最终由患者来接受治疗。这就要求我们需要满足这三组不同顾客的需求，而不仅仅是某一个人或某一个家庭。同时，这三组不同使用者需要的和关心的要素不尽相同，而且优先顺序也各不相同，如图3-34为飞利浦公司的医疗设备。

医院管理者在购买产品时，更多考虑的是经费与成本、医院自身的空间条件，他们往往会说"这是我们多年来采购的最佳设备"；医生和护士则更关注医疗设备的操作和使用，他们常常想要"我可以一整天都使用它"或者"我几乎没有注意到它在那儿"的感受；而患者则更关注舒适性和医疗设备给人的心理感受，他们希望"我得到了安全的照料，在这里一切都很方便"。

第一，在设计的过程中我们要充分考虑产品所属的品牌或公司，因为产品承载着表达企业理念和设计文化的任务，同时也是代表企业参与市场竞争的物质载体。所以，在设计时我们首先要深入了解企业的DNA。而且，几乎每一家公司或每一个品牌都会根据自己公司或品牌的实力以及自己对市场的理解确定不同的市场定位，而且这种市场定位往往体现为不同的消费群体或者不同的市场定位。然后经过长年累月的积累，他们都会对自己独特的市场定位形成某种根深蒂固的理解，这种理解进而就会演化为具有独特风格的设计风格。以手机为例，不同品牌的手机往往都有着不同的设计定位，而且往往都会体现出不同的设计风格。如摩托罗拉（MOTOLORA）以技术为核心，其产品

图3-35 不同品牌的手机广告

大多表现为稳健的形态和色彩；三星（SAMSUNG）则以时尚为出发点，无论是形态还是色彩抑或材质，处处都体现出高贵的品质；索爱（Sony Ericsson）则以年轻人为目标人群，其设计无论是功能还是形态、色彩，甚至使用习惯，都处处都体现出对年轻人的关怀。如图3-35为不同品牌的手机广告，依次为摩托罗拉、三星和索爱，表达了不同的品牌特征。

第二，我们要考虑生产者的实际生产能力和水平。因为设计作品需要进一步转化为大批量生产模式下的产品，所以设计更多的时候还要考虑其作为制品这一属性的诸多因素，如选择什么样的材料、采取什么样的成型工艺和表面处理工艺、有没有合适的工装设备等。

第三，我们可以关注产品从"制品"的生产厂家到"商品"的商场之间的流通过程。提到流通，设计师想到的往往会是产品的包装设计，如前文提到的索纳特椅子，其设计中一个非常重要的突破便是它可以拆开成为若干个部件和几个螺钉，从而方便拆装和运输，图3-36为索纳特椅子及其标准件。

现在便有很多类似的设计是从包装或者产品的形态角度来进行创新，如图3-37韩国设计师Joonhuyn Kim设计的扁平灯泡，更方便运输。

第四，我们要充分考虑产品销售者对产品的需求，他们往往想要产品有很好的卖点，这样才能提高产品的市场竞争力。因为消费是设计的消费，消费者消费的是

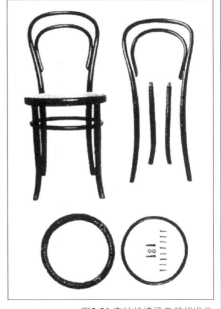

图3-36 索纳特椅子及其标准件

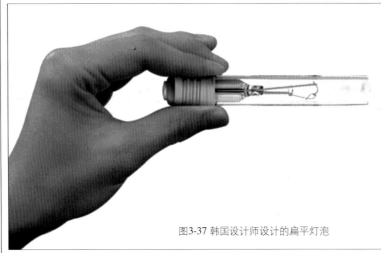

图3-37 韩国设计师设计的扁平灯泡

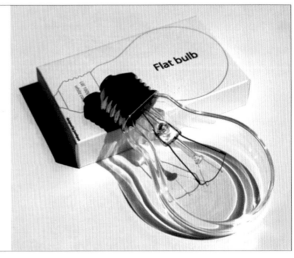

图3-38 以泰迪熊为主题的灯具设计

物质化和非物质化的设计，设计创造了消费，扩大了人类的消费欲望，从而创造出远远超过实际需要的消费欲。现在许多产品设计中的主题产品开发便是考虑设计商品化非常典型的例子，比如某些电影上映时所推出的衍生品、迪斯尼的系列文具、芭比娃娃配套玩具等主题性的产品，如图3-38是以泰迪熊为主题的灯具设计。

第五，与产品销售者对应的，我们应该考虑产品购买者对产品的要求。产品购买者更多的时候考虑的是产品的性价比，因此，如何提高产品的性能（即功能，包括实用功能、象征功能和社会功能等）以及如何降低产品的价格便是从产品购买者角度对设计师所提出的要求，同时如何让你设计的作品在琳琅满目的货架上脱颖而出，也是对设计师极大的挑战。

第六，当产品完成交换，从商品转变为用品后，产品的使用者便成为设计工作的中心。如何让产品在供人使用时与人的尺度相适应，与人的生理、活动和心理特性相适应，并且在发挥产品功能的基础上提供足够的直观信息，以适应其

图3-39 针对老年人的饰品设计

图3-40 针对女士设计的工具套装

预期用途是设计工作的重点。如图3-39为针对老年人的饰品设计，增加了诸如放大镜等辅助功能。

第七，产品在使用的过程中，我们还要考虑产品可能面临的维修者的因素，尤其是在一些大型设备和工具的设计中。因为这一类产品在使用过程中经常需要操作人员或者维修人员对其工作状态和零部件性能等进行检查和维护，与使用者大多从产品外部对产品进行操作不同，维修人员和维护人员有时候还需要对产品的内部空间、结构和构造提出一些要求。

最后，是产品在完成其使用价值后回收处理的过程中对周围人群或环境可能造成的影响。这个时候，相关的人群可能就不仅仅局限于与该产品直接相关的人群，产品可能对某些与产品不直接相关的人群（如垃圾场周围的居民）产生影响，甚至可能对子孙后代产生间接的影响。

（二）工业设计中"人"的演变

一件产品，从设计生产到使用和废弃处理，经历一系列的过程。在这个过程中，产品是以不同的"社会角色"与人发生关系的，同时也表现出人们不同的社会期待，如图3-40为针对女士设计的工具套装。

设计师所设计的产品是提供给企业进行生产的，为了能顺利地投产，设计方案必须具有经济合理性和工艺可行性。所谓经济的合理性指可取得较大的经济效果：要尽量减少投入，增加产出，并设法降低原材料、能源和劳动力消耗，提高产品的功能。根据价值工程原理，产品的经济效益可以用单位成本的功能来衡量。

先进的技术往往具有更高的效益，但工艺可行性则是从企业现实条件出发的要求，从而保证生产的正常进行。企业所从事的是一种商品生产，产品生产出来以后便要进入市场。企业要通过生产创造商品的交换价值。商品想要有较强的市场竞争力，便需要有明确的目标市场和消费群定位。造型要有新颖性和独特性，要有良好的商标和包装策略，要有有影响力的广告和促销手段以及恰当的市场投放方式。商品的市场竞争力主要依靠几种要素来取得，即质量、品种、价格和营销服务。质量是确立名品商品的基础，品种是产品类型的细分化，从而取得自身的独特性和不同对象的适应性。价格是经济合理性的体现。

当商品交换完成以后，产品便进入消费者的家庭。这时商品便成了用品，人们购买它正是为了用于满足某种物质或精神的需要。人们希望获得更大的使用价值，取得这种价值的依据便与产品设计的质量水准有关。这时产品的特性应与消费者的个人特性和使用环境的特性相适应。产品要在环境中获得可以识别和认知的性质，并且给人以赏心悦目的感受。产品在供人使用时要与人的尺度相适应，符合人的生理和活动特性。在产品功能的发挥上，能提供足够的直观信息并良好地适应预期的用途。

当然，很多时候人们购买商品，并不一定都是为了自身的消费，也可能用于馈赠他人，这时商品便转化为礼品。礼品是作为购买者意愿的表达媒介，提供给第三者使用或占有。它可以具有一定的实用性，但同时要具有一定象征性和审美价值，从而作为情感交流的手段，取得特定的纪念意义。

当用品使用寿命完结，产品最终转化为废品。怎样处理废弃品而不造成污染，是环境保护的重大课题，也是当代生态学所关注的。好的产品设计必须考虑到产品作为废弃物的回收和利用的方法。

下面以产品的审美特性来具体阐述不同人群对产品设计的不同需求。

一方面审美是主观的，设计师是有个性的。他们当然想设计出自己喜欢的东西。另一方面，消费者也各有其嗜好、偏爱和趣味，消费者只采纳他们认为美的东西。设计师希望消费者买他们的作品（这种希望比画家希望顾客买他们的画更迫切），就要学会以消费者的眼光来看设计。而设计的美学并不是独立的。比如服装设计只有穿在人身上才能说美或不美。对于一个具体的消费者来说，特别是对一个具体的购买者来说，只有她（或他）穿了美的服装才是美的。设计师不能沉溺于欣赏面料图案或肌理本身的美，也不能沉溺于欣赏设计稿或T台上所见到的服装美。消费者既能欣赏设计稿上那种经过变形的理想化了的美，也能欣赏经过挑选和训练的模特儿穿着时装走动时所表现的美，但他们更关心的是平平凡凡、实实在在的自己也能因穿一件衣服而更漂亮。当然，设计师的眼光与消费者眼光可以很接近也可能迥然不同，要设计师来迁就取悦消费者对很多敏感的设计师来说是一件非常痛苦的事，而且常常是费力不讨好。所以有不少设计师就选与自己有相近审美观的消费者为目标。而一个产品在提供给社会应用的过程中，还可能同时与不同身份的人发生不同性质的关系。这反映了产品与不同社会角色的人之间的关系。

例如，一部汽车可能就与周围不同的人群存在以下七种不同的关系，如图3-41所示。

第一，与购买者的关系。购买者作为这一产品的占有者关注产品的技术经济性能和使用价值。他要考虑这辆汽车是否适宜于环境和道路条件及具体用途，是否与自己的身份地

图3-41 汽车与人的不同关系

位相称并有价格承受力。

第二，与驾驶员的关系。汽车的操纵性能和安全性能都关系到驾驶人员的劳动、支出和生命安全。

第三，与乘客的关系。汽车是直接为乘坐者服务的，它的行驶性能和乘坐舒适性直接与乘客相关。上海大众汽车厂生产的桑塔纳2000型轿车的改进，便是考虑到了中国国情。在我国目前一般驾驶人与乘坐人不是同一个人，所以重点改进了后座的舒适性，以适应乘坐者的要求。

第四，与维修人员的关系。汽车的技术性能、结构性能都与是否便于维修相关。

第五，与行人的关系。汽车的制动性能、玻璃和油漆的反光度、行驶的清洁性，是否会溅起地面污水或扬起尘土，都关系到周围行人的安全和卫生。

第六，与街道居民的关系。汽车排放废气的空气污染、噪声污染等都会影响周围居民的生活和休息。

第七，与旁观者的关系。汽车行驶中作为一种动态景观可以给周围的旁观者一种审美的享受。

第四章 工业设计历史：功能与形式的演变史

一、工业设计的时代性

早在1908年，卢斯（Adolf Loos）便在其著名的《装饰即罪恶》中指出：每个时代都有它的风格。一方面，任何一个时代都有其独特的经济、文化和社会特征以及这个时代的技术水平，这些因素都会催生出属于这个时代的设计作品，如20世纪30年代的流线型风格便是这个时期美国经济复苏背景下刺激消费的式样设计（Styling）的产物，恰巧，这个时期塑料的出现又使得壳体的形态能够实现，于是便有了流线型

图4-1 维尔德的设计作品

图4-2 吉马德设计的巴黎地铁入口

风格。又如，20世纪60年代的思想大解放，多元化的社会思潮此起彼伏，所以这个时期的设计便呈现出风格多元化和强调设计文化内涵的特征。另一方面，任何一件作品都是基于当时的经济、文化、技术和社会背景而产生的，所以都是时代的产物，无疑也就会体现出时代的风格。如80年代开始流行的极少主义（Minimalism）设计风格，便体现了设计师们对环境和生态的关注，开始体现了人们的绿色设计思想。

回顾20世纪人类设计的历史，我们不难发现，事实确实如此。

20世纪初，继英国工艺美术运动之后，欧洲的新艺术运动以比利时和法国为中心展开，德国也相继形成了青春风格。在建筑和工业制品上，它们打破了因袭古典传统的历史风格，开始了向现代主义运动的过渡。新艺术运动在对新艺术方向的探索中，强调艺术风格的整体性，使艺术风格与建筑、室内装饰、家具和用品等在格调上一致。在新艺术运动的代表人物中，比利时的亨利·凡·德·维尔德（Henry van de Velde）在建筑、室内装饰、银器和陶瓷制品等方面都留下了这一风格的作品，如图4-1维尔德的设计作品：银质刀叉和瓷盘。1906年，他在德国魏玛成立了工艺学校（包豪斯学校的前身）并且非常重视艺术与工艺技术的结合。他指出："一旦人们知道了优美造型的来源以及谁是这种美的创造者，那么工程师们将像今天的诗人、画家、雕刻家和建筑师那样受到人们的尊重。"

法国的吉马德（Hector Guimard）设计了巴黎地铁的入口装饰物，如图4-2所示，它是由铸铁制成的花卉图案，并有精致的透空文字。英国的麦金托什（Charles R. Mackintosh）将新艺术运动的曲线形发展和简化为直线和方格，更加适应于机械时代的审美表现。他所设计的极其夸张的高背椅，远远超出了功能性特征，后来在80年代又引起人们的回味和重视，如图4-3所示。德国的青春风格在工艺制品中注重结构的简洁和材料的恰当运用，它的弧线形在当时的汽车车厢设计中留下了明显的痕迹。

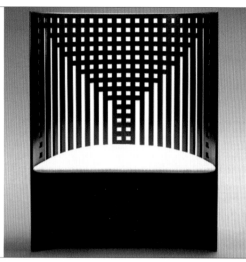

图4-3 麦金托什设计的高背椅

图4-4 贝伦斯设计的作品

20世纪初叶，在德意志制造联盟的推动下，德国成为现代工业设计运动的摇篮。著名德国建筑师贝伦斯也成为最早的工业设计师，他为德国通用电气公司（AEG）设计了厂房和企业标志。他所设计的灯具、电扇和电热水壶等，造型简洁明快，以标准零件为基础，实现了产品品种的多样化。在建筑和产品设计中，体现了功能造型的使用与审美的统一。如图4-4所示是贝伦斯设计的电风扇、电水壶和AEG工厂厂房。对于设计的工业应用，他认为："我们别无选择，只能使生活更简朴，更为实际，更为组织化和范围更加宽广，只有通过工业，我们才能实现自己的目标。"

包豪斯学校成为功能主义的倡导者，格罗皮乌斯以他的建筑设计开创了现代建筑的语言。1911年他设计的法古斯工厂厂房，首次采用玻璃幕墙和转角窗，使建筑物的外墙不再起支撑作用，从而取得建筑空间设计的更大自由，如图4-5所示。包豪斯学生布劳耶于1928年设计的"瓦西里"钢管扶手椅，开创了现代家具的新纪元，他充分利用了钢管加工的特点和结构方式，辅以木边框架的坐垫和靠背，造型优雅轻巧，功能性强，在形式上作了高度简化，充分体现了包豪斯的现代主义设计思想，如图4-6所示。

现代主义设计规范的形成是以包豪斯教学原则为基础的，包豪斯在现代设计运动中的历史地位得到普遍的认同。1929年，美国纽约现代艺术博物馆的建立也成为现代设计运动的一个标志，它使建筑和产品设计的精神价值得到应有的肯定。

1931年在美国开幕的现代欧洲建筑展推出了米斯·凡·德·罗（Mies van der Rohe）、格罗皮乌斯、柯布西耶（Le Corbusier）和荷兰建筑师里特维尔德的作品，都具有理性主义和功能主义的特色。展品介绍在次年以《国际风格：1922年以来的建筑》为题出版，由此人们便将现代主义设计普遍称为"国际风格"。如图4-7所示为米斯的设计作品巴塞罗那椅（1929年）和魏森霍夫椅（1927年）。

图4-5 格罗皮乌斯设计的法古斯工厂厂房　　　图4-6 布劳耶设计的"瓦西里"椅子

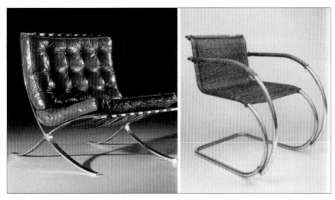

图4-7 米斯的设计作品

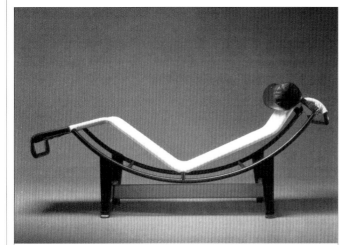

图4-8 柯布西耶的设计作品

如图4-8所示为柯布西耶的设计作品：躺椅（1928年）和萨沃伊别墅（1928年）。

工业设计的普及和商业化是在企业面临市场竞争的条件下实现的。20世纪20年代福特汽车公司（FORD）采用高效率的生产线和新的管理方式，由此大大降低了T型车的售价，从而取得了强大的市场竞争力。在这种情况下，通用汽车（GM）公司便另辟蹊径，把满足消费者对汽车外观式样的需求作为突破口。遂聘请厄尔（Harley Earl）筹建了"艺术与色彩部"，推行每年一度的换型策略，先后推出了雪佛莱（Chevrolet）、别克（Buick）等名牌车系列，取得市场竞争的成功，由此发挥了设计对市场的引导作用。特别是1929年开始的经济萧条时期，一些企业普遍引入工业设计，并形成了促进销售的风格式样设计，在基本结构不变的情况下通过造型的变化促进销售。

随着空气动力学和流体力学的研究，流线型造型首先出现在火车、汽车等交通工具上。1930年德国设计制作了螺旋桨机车，具有完美的空气动力学造型。1931年试行，其时速达到230千米/小时，但未获实际应用。1934年美国克莱斯勒（CHRYSLER）公司推出"流线"型小汽车，如图4-9所示。流线型以它圆滑流畅的线条，给人以速度感和活力感，由此成为一种时代精神的象征。在20世纪30年代，几乎所有美国工业设计师都卷入了以流线型为主的风格化设计中，流线也被用于钢笔、冰箱等的设计，就连电冰箱顶部也曾被设计为弧形，以致家庭主妇抱怨说，上面连个鸡蛋都放不住。

第二次世界大战期间，由于原材料和劳动力的缺乏，要求产品设计必须趋于结构造型的合理、工艺的简易。以致战后一个时期，"有用的设计"仍然是优秀设计的代名词，功能主义被誉为"正直、端庄和谦恭的"，成为道德和审美趣味高尚的典范。

20世纪50年代对设计风格影响最突出的因素，是人机工程学原理的引入。在二战中，随着战斗机飞行速度的提高，人对操作和指示系统的反应能力成为空军战斗力的重要方面，由此对技术系统中人的因素的研究促成了人机工程学的产生。1955年设计成功的波音707飞机，是20世纪美国工业设计的重大成就，其内部设计是由提革（Walter D. Teague）主持，在色彩、座椅、照明设计和空间布局方面大量运用了人机工程学数据，因此给人以舒适和安全感。同时，在机械设备和操作、显示装置上，人机工程学原理也得到普遍应用，从而改善了产品对人的活动适应性。

20世纪60年代，随着人工合成材料如塑料在产品中的广泛应用，产品造型和色彩取得了重大变化。色彩艳丽、五光十色的塑料使产品面貌多姿多彩，各种复合材料也相继问世，聚酯材料和玻璃纤维等逐渐取代木材和钢铁，成为电器、家具、办公用品甚至汽车的重要材料。正是由于生产力的进一步发展和材料、工艺技术的进步，为工业产品造型和色彩选择提供了前所未有的丰富性，由此也动摇了功能主义的美学观。有些批评家指出，对于喜欢艳俗的大众文化来说，功能主义观点会导致僵化和缺乏人情味。

图4-9 流线型小汽车

图4-10 穆尔设计的新奥尔良意大利广场

图4-11 克拉尼设计的茶具

20世纪60年代之后，国际工业设计呈现出欧、美、日异军突起、多彩纷呈的局面。北欧的斯堪的纳维亚半岛国家的设计风格别具一格，他们有选择地、考究地应用材料，表现出对材料和技术的独特敏感，由此获得产品的功能性和表现力，给人一种优美的外观和人情味的处理。北欧风格的特质在于，一方面受功能主义的影响，另一方面突出了人与自然和谐并注重感官感受性的地域文化特征。

随着后现代主义建筑运动的兴起，设计风格向大众趣味靠拢。美国建筑师文丘里针对柯布西耶提出的"少就是多"提出"少就是乏味"并以胶合板材料设计制作了仿古典家具。穆尔（Charles Moore）提出了"艺术要创造一个有意味的大众空间"并在新奥尔良设计了仿古典的意大利广场，如图4-10所示。他们的特点是提供波普艺术，将古典风格与世俗文化交融，形成符号语义的多重译码。

意大利的激进主义设计运动与此相呼应，他们以强调个性化为特征，以标新立异的手法创造新的表现可能性。在灯具和家具设计上最为成功。索特萨斯曾经说："灯不止是简单的照明，它告诉一个故事，给予一种意义，为喜剧性的生活舞台提供隐喻和式样，灯还述说建筑的故事。"

而仿生设计和产品造型的有机化，则表现了当代设计希望使技术产品人性化的深刻愿望。德国的克拉尼（Luigi Colani）在设计各种类型的交通工具时，大量运用了仿生原理和空气动力学原理，体现了仿生的有机形式的特色，他所设计的茶具也具有有机形式特点，如图4-11所示。此外，绿色设计和生态设计在国际上也是方兴未艾，为社会的可持续发展提供有力的保证。

（一）工业革命的困惑：20世纪初的工业设计

从1750年工业革命兴起到第一次世界大战爆发，是工业设计的酝酿和探索时期。在此期间，完成了由传统手工艺设计向工业设计的过渡，并逐步建立了工业设计的基础。

工业革命后出现了机器生产、劳动分工和商业的发展，同时也促成了社会和文化的重大变化，这些对于此后工业设计的发展产生了深远的影响。随着商品经济的发展，市场竞争日益激烈，制造商们一方面引进机器生产以降低成本和增强竞争力，另一方面又把产品的装饰和设计作为迎合消费者审美趣味而得以扩大市场的重要手段。但制造商们并没有对新的制造方式生产出来的产品进行重新思考，他们并不理解机器生产实际上已经引入了一个全新的概念和一种全新的审美方式及符合工业化生产方式的产品形式。为了满足新兴资产阶级显示其财富和社会地位的需要，许多家用产品往往都借助各种历史风格来附庸风雅并提高身价，甚至不惜损害产品的使用功能。1851年伦敦国际工业博览会上的"水晶宫"引人注目，大多数的展品都极尽装饰之能事而近乎夸张。

如图4-12所示"水晶宫"是英国工业革命时期的代表性建筑，建于1851年，位于伦敦海德公园内，是英国为第一届世博会（当时正式名称为万国工业博览会）而建的展馆建筑，由玻璃和铁这两种材料构成，是英国园艺师J·帕克斯顿（Joseph Paxton）按照当时建造的植物园温室和铁路站棚的方式设计的，大部分为铁架结构，外墙和屋面均为玻璃，整个建筑通体透明，故被誉为"水晶宫"。

如图4-13所示为水晶宫博览会上的部分展品。这种功能与形式相分离、缺乏整体设计的状况，从反面刺激了一些思想家、设计师对新的历史条件下设计发展的探讨。不过，尽管他们虽已预感到新时代的来临，但一时又无法向前看到工业生产的出路，于是怀旧、复古的情绪生长。他们从中世纪、洛可可或者自然中寻求灵感进行设计，采用手工艺的生产方式，用高品质的美学思想对待设计品，希望以此提高国民生活水平和审美素养，形成了现代设计早期的装饰风格，也出现了为大众服务的现代设计的民主思想，从而拉开了20世纪初设计改革浪潮的序幕，并为工业设计的形成奠定了思想基础。

图4-12 "水晶宫"

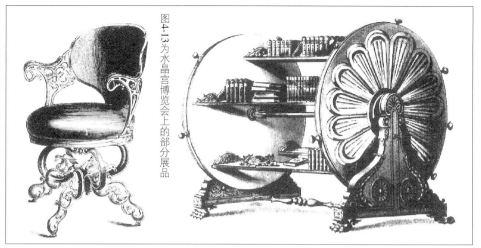

图4-13为水晶宫博览会上的部分展品

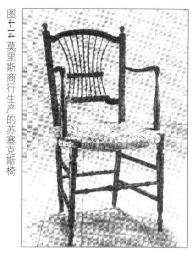

图4-14 莫里斯商行生产的苏塞克斯椅

1.工艺美术运动（The Arts and Crafts Movement）

工业革命最早在英国完成，工业革命的成果也最早在英国展示，批量生产与设计低劣的矛盾也在英国表现得最为明显。19世纪中期在英国兴起的工艺美术运动便针对当时品质低劣的大众化工业产品，以复兴手工艺及尊重手工艺劳动为前提，提倡为大众生产美观而实用的物品。这一宗旨体现了现代设计的民主思想，因此，工艺美术运动成为现代设计的开端。

工艺美术运动是1880—1910年间以英国为中心的一场设计改革运动，并波及到不少欧美国家，且对后来的现代设计运动产生了深远的影响。它产生于所谓的"良心危机"，艺术家们对不负责任、粗制滥造的产品以及对自然环境的破坏感到痛心疾首，并力图为产品及其生产者建立或恢复标准。在设计上，工艺美术运动从手工艺品的"忠实于材料"、"合适于使用目的"等价值观中获取灵感，并把源于自然的简洁和忠实的装饰作为其活动的基础。从本质上来说，它是通过艺术和设计来改造社会，并建立起以手工艺为主导的生产模式的试验。

工艺美术运动的理论基础起源于英国作家和批评家约翰·拉斯金（John Ruskin）的设计思想。拉斯金本人没有从事过设计工作，而主要是通过他那极富雄辩和影响力的说教来宣传其思想。拉斯金对"水晶宫"博览会中毫无节制的过度设计甚为反感，但是他将粗制滥造的原因归罪于机械化批量生产，因而竭力指责工业及其产品，其思想基本上是基于对手工艺文化的怀旧和对机器的否定，而不是基于努力去认识和改善现有的局面。

图4-15 阿什比设计的银质水壶

威廉·莫里斯（William Morris）是这一运动的发起者，他在牛津大学就学期间接受了以拉斯金为代表的复古和民主思想，但他不只是说教，而是身体力行地用自己的作品来宣传设计改革。莫里斯师承了拉斯金忠实于自然的原则，并在美学和精神上都以中世纪精神为楷模。他从事设计活动源起于他对工业产品的厌恶，同时也是他本人生活的需要。他在开始家庭生活时深感市场没有自己喜欢的物品，于是便亲自动手设计，并与几位好友建立了自己的商行，从事家具、纺织品、书籍等的设计和生产，这正是19世纪后半叶英国众多工艺美术行会的发端，如图4-14为莫里斯商行生产的苏塞克斯椅。莫里斯的工艺美术运动吸引了许多追随者，但高品质的设计和精致的手工制作形成的产品价格并不能为平民所接受。他们的设计活动无法实现为大众服务的理想，也因为与时代发展潮流不符而不能发扬光大。

工艺美术运动期间在英国产生了大量颇有影响的设计组织，他们都立志追随莫里斯的道路，而且这些组织都以行会组织的形式出现，如1882年由马克穆多（Arthur Mackmurdo）组建的世纪行会和1888年由阿什比（Charles R. Ashbee）组建的手工艺行会等，如图4-15所示为阿什比的设计作品。

工艺美术运动并不是真正意义上的现代设计运动，因为莫里斯推崇的是复兴手工艺，反对大工业生产。虽然他也看到了机器生产的发展趋势，在他后期的演说中承认应该尝试成为"机器的主人"，把它用作"改善我们生活条件的一项工具"。他一生致力于工艺美术运动，反对工业文明，他提出的真正的艺术必须是"为人民所创造，又为人民服务的，对于创造者和使用者来说都是一种乐趣"及"美术与技术相结合"的设计理念正是现代设计思想的精神内涵，后来的包豪斯和现代设计运动都是秉承这一思想的。但工艺美术运动也有其先天的不足与局限性，它将手工艺推向了工业化的对立面，这无疑是违背历史发展潮流的。

不过，尽管19世纪下半叶大多数设计师都投身于反抗工业化的活动而专注于手工艺品，但也有一些设计师在为工业化生产进行设计，成为第一批有意识地扮演工业设计师这一角色的人，其中最有代表性的是英国的克里斯托弗·德莱塞（Christoph Dresser）。

克里斯托弗设计了大量的玻璃制品、日用陶瓷和金属器皿，如图4-16所示。这些作品造型简洁，强调了一种完整的几何纯洁性，与金属加工技术和材料的特点相一致，并充分考虑如何使产品在材料的使用上更加经济，以降低产品的售价，以使产品不会"超越那些会对产品发生兴趣的人的购买能力"。

2.新艺术运动（Art Nouveau）

19世纪后期，尤其是1870年普法战争结束后，欧洲大陆出现了一个和平时期，各国经济的迅速发展带来了一系列的科技突破，产品生产也得到了极大的发展；同时，经济的发展又促进了社会物质需求的增加。这一广阔的社会背景从客观上说明了欧洲大陆即将出现的一场设计运动并非偶然。1890年左右，欧洲大陆的艺术家中出现了一批改革者，他们憎恶当时艺术那种因循守旧的历史主义样式以及那些虚华浮夸、庸俗肤浅的作品，立志在艺术上酝酿和发展一种新的方向。但他们又并未打算求助于过往的式样，而是力图挣脱所有学院派样式的羁绊，探索一种前所有未有的新的艺术形式。在这样一种氛围中，欧洲大陆发起了一场群众性的艺术与设计运动，这便是新艺术运动。

新艺术运动是19世纪末20世纪初在整个欧洲和美国开展的装饰艺术运动，内容涉及几乎所有的艺术领域，包括建筑、家具、服装、平面设计、书籍插图以及雕塑和绘画。这一运动受到了工艺美术运动的影响，但带有更多感性和浪漫的色彩及人们在一个世纪结束时对过去的怀念和对新世纪向往的世纪末情结，是传统的审美观和工业化发展的矛盾产物。

新艺术运动潜在的动机是与先前的历史风格决裂。新艺术运动的艺术家们希望将他们的艺术建立在当今现实，甚至是未来的基础之上，为探索一个崭新的纪元打开大门。为此，就必须打破旧有风格的束缚，创造出具有青春活力和时代感的新风格。在探索新风格的过程中，他们将目光投向了热烈而旺盛的自然活力，即努力去寻找自然造物最深刻的根源，这种自然活力是难于用复制其表面形象的方式来传达的，因而完全放弃了对传统风格的参照。与工艺美术运动相比，新艺术运动的线条更为自由、流畅、夸张，抽象的造型常常从实体中游离出来而陶醉于曲线符号中。最典型的纹样都是从自然界中抽象出来的，多是流动的形态和蜿蜒交织的线条，充满了内在的活力。它们体现了隐藏于自然生命表面形式之下的创造过程，这些纹样被广泛应用于建筑和设计的各个方面，成了自然生命的象征和隐喻。

新艺术运动是一次范围广泛的装饰艺术运动，但其变化是广泛的，在不同的国家和地区体现出不同的特点：德国的青春风格和奥地利的分离派比较现代化，已经在探索简单几何图形的美学内容；苏格兰的格拉斯哥四人组和美国的法兰克福开始承认技术的重要，走向现代主义；法国的设计家沉溺于中世纪的手工艺浪漫之中，以艺术的气氛作为设计灵感的来源；比利时的设计则体现出民主理想的色彩，认为装饰应超越形式的意义，不能为了装饰而装饰，装饰应该表明物品的功能；然而，最极端、最具有宗教气氛的却在西班牙。

图4-16 德莱塞设计的水具

图4-17 雷迈斯克米德设计的餐具

新艺术的代表人物主要有德国青春风格的雷迈斯克米德（Richard Riemerschmid）、维也纳分离派的麦金托什与霍夫曼（Joseph Hoffmann）、美国的蒂凡尼（L. C. Tiffany）、法国的吉马德和盖勒（Emile Galle）、比利时的霍尔塔（Victor Horata）、维尔德以及西班牙的高迪（Antonio Gauti）等，其作品分别如图4-17～图4-22所示。

3.德意志制造联盟（Deutscher Werkbund）

19世纪下半叶至20世纪初在欧洲各国兴起了形形色色的设计改革运动，在不同程度上和从不同方面为探索设计的新态度做出了贡献。但是，无论是英国的工艺美术运动还是欧洲大陆的新艺术运动，都没有在实质上摆脱拉斯金等人对机器生产的否定，更谈不上将设计与工业有机地结合起来。工业设计真正在理论和实践上的突破，来自1907年成立的德意志制造联盟。

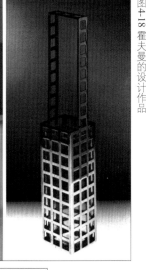

图4-18 霍夫曼的设计作品

图4-19 霍尔塔设计的布鲁塞尔塔塞尔住宅室内

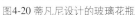

图4-20 蒂凡尼设计的玻璃花瓶

图4-21 盖勒设计的彩饰玻璃花瓶

命和民主革命所改变的社会，当做不可避免的现实来客观接受，并利用机械技术开发满足需要的设计品。其成立宣言表明了这个组织的目标："通过艺术、工业与手工艺的合作，用教育、宣传及对有关问题采取联合行动的方式来提高工业劳动的地位。"

德意志制造联盟成立后出版设计年鉴，开展设计活动，参与企业设计，举办设计展览，尤其有意义的是他们有关设计的标准化和个人艺术性的讨论。持这两种观点的代表分别是穆特修斯和维尔德。在1914年的年会上，穆特修斯极力强调产品的标准化，主张"德意志制造联盟的一切活动都应朝着标准化来进行"。而维尔德则认为艺术家本质上是个人主义者，不可能用标准化来抑制其创造性，若只考虑销售就不会有优良品质的制造。这两种观点代表了工业化发展初期人们对现代设计的认识。当然，随着工业的发展，穆特修斯的观点大获全胜，标准化已成为今日工业产品设计的准则。

德意志制造联盟的设计师们为工业产品进行了广泛的设计，如餐具、家具等，这些设计大多具有无装饰、构件简单、表面平整的特点，适合机械化批量生产的要求，同时又体现出一种新的美学。但联盟中最富创意的设计并不是那些为了已经存在许多个世纪的东西而进行的设计，而是那些为了适应技术变化应运而生的产品所做的设计，尤其是新兴的家用电器的设计。

德意志制造联盟由在英国接受了莫里斯思想的普鲁斯贸易局建筑委员穆特修斯（Herman Muthesius）倡议成立，他在英国当过7年的大使，曾对工艺美术运动和机器生产方式做过考察，发现了莫里斯否定机器生产的错误。穆特修斯肯定和发挥机器的优势，指出："只有同时采用工具与机械，才能做出高水平的产品来"。德意志制造联盟的成员包括艺术家、工业家、贸易商人、建筑家和工艺美术家，它把工业革

图4-22 高迪的设计作品：米拉公寓、圣家族教堂和巴塞罗那主题乐园

图4-23里特维尔德的设计作品

在联盟的设计师中，最著名的是贝伦斯，他受聘为德国通用电气公司的艺术顾问，全面负责公司的建筑设计、视觉传达设计和产品设计，从而为这家庞大的公司树立了统一、完整的企业形象，开创了现代公司识别计划的先河。其重要的作品有：1908年设计的电风扇、1909年设计的AEG透平机制造车间与机械车间、1910年设计的电钟及以标准化零件为基础的系列电水壶等，如前面图4-4所示。这些设计极好地诠释了现代设计的理念，因而贝伦斯也被称为设计史上第一个真正意义上的工业设计师。

（二）技术与设计：20世纪20年代的工业设计

20世纪初，工业化生产的发展已经是不可逆转的趋势，隆隆的机器声很快掩盖了叮叮当当的敲打声，机器生产成为符合时代潮流的生产方式。最早理智地接受机器生产并积极投入工业产品设计的国家是德国，这种接受并非偶然，它与日耳曼民族理性、思辨、务实的民族特点紧密相关。

德国1907年成立的德意志制造联盟在此期间开展了一系列的设计实践活动，而此时欧洲的其他一些国家还沉浸在无节制的新艺术曲线之中。可惜第一次世界大战的炮火打断了这一活动，待大战一结束，德国的设计实践又得以继续。以格罗皮乌斯为首的有识之士不仅认识到了工业产品设计的重要性，还意识到了应该有与工业化发展相适应的设计教育体系来代替古老的手工作坊师傅带徒弟的传授方式，1919年成立的包豪斯学校成为这一思想的体现。

与此同时，其他一些国家也开展了与工业化发展相适应的现代设计运动，这些实践成为工业化生产方式开始时积极的尝试。

1.荷兰风格派（De Stijl）

从1917年开始，荷兰几个具有前卫思想的设计家和艺术家聚集在一起，以名为《风格》（De Stijl）的月刊为宣传阵地，交流各自的理想，探索艺术、建筑、家具设计、平面设计等的新方法和新形式，形成了对现代设计影响巨大的"风格派"。

荷兰风格派的精神领袖是杜斯伯格（Theo van Doesberg），他也是风格派的理论家和发言人。风格派的其他主要人员还有画家蒙德里安、建筑师奥德（Jocobus J. P. Oud）和建筑师兼设计师里特维尔德等，如图4-23所示。

风格派寻求一种具有普遍意义的、永恒的绘画来体现宇宙的和谐，用最基本的直线、方形以及三原色和黑白灰构成整个视觉现实的基础，并追求将这些线条、块面、色彩等相互冲突的因素构成一幅均衡而且符合比例的画面，作为生活普遍和谐的象征。他们这种对基本要素的抽象以及用几何要素建立万能形式以获得精确和严密的方式，对于建立一种理性思考下的设计语言起到了重要的影响作用，这一点在包豪斯的设计探索中充分地表现了出来。

有意义的是，风格派成员自己也积极投身于设计实践。因为他们想要把这种普遍永恒的抽象艺术推广到整个生活的视觉领域，以创造一种真正和谐、整体的环境。首先将这种艺术语言与现代设计的探索联系起来的是里特维尔德，他于1919年设计的红蓝椅是风格派设计实践中最具代表性又最有影响力的作品，如图4-24所示。

这把椅子的形式试图表现一种"坐"的构造和构成的"图解"。椅子由各部件互相连接，为了使这一构造在视觉上更加清晰可见，各构件在连接处都向外延伸了一段，以夸张地表达这些节点，甚至还在构件的端部涂上了对比色。这把椅子虽然并不舒适，更像一件风格派的雕塑品，然而其中的意义远远超过了一件雕塑品的设计。

里特维尔德于1924年设计的乌德勒支住宅则是风格派建筑的代表，如图4-25所示。

当然，风格派的设计更多的是代表了一种造型语言、一种风格和手法，里特维尔德的椅子和住宅设计更像蒙德里安绘画作品的三维图解，而并非真正出于功能和舒适的考虑。然而，这些构成手法却为功能主义和理性主义建立了物化的语言。如图4-26所示为乌德勒支住宅与《风格》杂志封面中作品的对比。

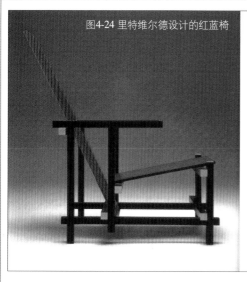

图4-24 里特维尔德设计的红蓝椅

构成派的代表人物有马列维奇（Kasimir Malevich）、罗德琴科（Alexander Rodchenko）、利西茨基（El Lissitzky）和塔特林（Vladinir Tatlin）等。马列维奇早在第一次世界大战之前就借鉴欧洲的立体主义和未来主义的经验，积极发展出一种完全抽象的美学，并将其推广为日常用品设计新风格的基础，从而在实用中建立了一种"经济性"的美学。罗德琴科和利西茨基也是构成派的活跃人物，罗德琴科设计的一些功用型建筑，如报亭和烟摊等，抽象简洁，几乎就是马列维奇绘画的翻版。他的图案和标志设计，基本上也都是几何形的组合。利西茨基的一些设计也体现出同样的设计风格。这种抽象手法的运用，对当时激进的图案设计产生了国际性的影响。此外，罗德琴科和利西茨基共同主持的莫斯科教育学院金属木器车间，则全力以赴探索一种生产与设计结合起来的方法，集中力量设计多功能家具的标准类型。罗德琴科在1926年设计的一些多功能家具，形式简洁、经济合理，反映了注重经济、讲究实效的设计思想，如图4-27为罗德琴科设计的棋桌。不过，这些设计还只是探索性的实验，并没有考虑到当时物资和设备的缺乏。结果，结构和材料都与现实的生产条件脱节，所建立的美学概念并没有与社会生产条件真正融合起来。

2.俄国构成派（Constructivism）

在风格派出现的同时，俄国也酝酿着一种类似抽象的美学构成派。他们以表现设计的结构为目的，力图用表现新材料本身特点的空间结构形式作为绘画及雕塑的主题，其作品特别是雕塑很像工程结构物，因此被称为构成派。

构成派最有代表性的作品是塔特林设计的第三国际纪念塔，如图4-28所示。塔特林强调设计与工程的紧密结合，认为设计师并不是艺术家，而像个无名工人，为社会勾画新的产品。这座虽未建成的纪念塔是为"第三国际"建造的纪念塔方案，隐喻"革命"的纪念碑。这是一个行动中心，开敞通透的钢架螺旋上升、抽象且富有动感；顶部是一个广播电台，充分反映了他赞美新技术、崇尚工程的美学思想，展现了其构成主义理念，也因此成为构成派最重要的代表作。

图4-25 里特维尔德设计的乌德勒支住宅

图4-26 乌德勒支住宅与《风格》杂志封面中作品的对比

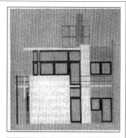

图4-27 罗德琴科设计的棋桌

可惜的是，构成派的努力并未考虑到当时俄国艰苦的工业条件，后来随着1932年斯大林推行工业化计划、反对抽象艺术和设计、推崇现实主义的社会主义艺术形式以后便停止了。不过，构成派还是像风格派一样为现代主义提供了风格上的基础和参考。

3.包豪斯（Bauhaus）

格罗皮乌斯是德意志制造联盟的成员，他早就认为，必须形成一个新的设计学派来影响工业界，并使艺术家学会直接参与大规模生产，接受现代生产力最为有力的方法——机械。为此，1919年他合并了魏玛市立美术学院与市工艺美术学院，并在德国首都魏玛成立了"国立包豪斯学院"，揭开了包豪斯运动的序幕，标志着工业设计运动在欧洲得以确立。这位刚刚从战场上回来的建筑师早期其实是想建立一种类似于工艺美术运动的行会组织，创造一个具有团队精神和平等思想的理想化环境。但工业化的进程改变了他的办学理念，学校开始走向理性主义，使用比较科学方式的艺术与设计教育，强调为大工业生产进行设计，并最终成为现代设计教育积极的探索者。

格罗皮乌斯的理想是"艺术与技术统一"。他的办学宗旨是"创造一个能使艺术家接受现代化生产最有力的方法：将机器（从最小的工具到最专门的机器）设计与艺术与大众生活要素及环境构成一体"。这些思想都反映在《包豪斯宣言》中，强调"设计的目的是人，而不是产品"。创始人格罗皮乌斯在《包豪斯宣言》中就曾指出："艺术不是一种专门职业，艺术家和工艺技师之间在根本上没有任何区别"，"让我们建立一个新的设计家组织。在这个组织里，绝对没有那种足以使技师与艺术家之间树立起自大屏障的职业阶层观念。"他还说："我们的指导原则是，认为有艺术性的设计工作，既不是脑力活动，也不是物质生活，而只不过是生活要素的必要组成部分。"

包豪斯的成员们认识到，艺术是与人类丰富的生活休戚相关和必不可少的，在工业时代，艺术只有与工业相结合才

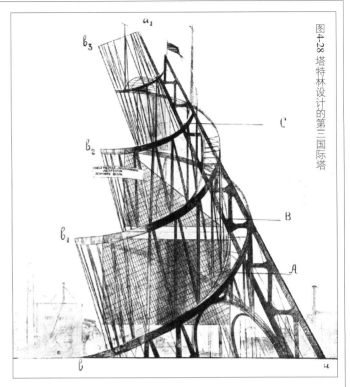

图4-28 塔特林设计的第三国际塔

能有更广阔的前途。因此，在格罗皮乌斯等人的推动下，包豪斯创立了一套完整的现代化设计教学体系，探索了造型和工业生产两个领域中所有的范围。他们不仅在建筑与产品造型设计的大量实践中摈弃了传统造型的繁琐装饰，而且对材料、结构等因素注重发挥其特色，形成了既满足使用要求，又具有新技术与美学性能的设计风格，如格罗皮乌斯设计的包豪斯校舍及前面如图4-6所介绍的布劳耶设计的"瓦西里"钢管椅等，这是在艺术与工业的结合方面极为重要的尝试。如图4-29所示为格罗皮乌斯设计的包豪斯校舍。

包豪斯的教学目标是培养一批未来社会的设计者，他们既能认清20世纪工业时代的潮流和需要，又具备充分的能力去运用所有科学技术、文化、艺术和美学的资源，创造一个

图4-29 格罗皮乌斯设计的包豪斯校舍

既能满足人类精神需求，又能满足物质需求的新环境。因此，他们聘请了当时著名的艺术家如康定斯基（Wassily Kandinsky）、克里（Paul Klee）、伊顿（Johannes Itten）、纳吉（László Moholy-Nagy）等开设绘画基础课，训练学生对平面、立体、色彩和肌理的认识，这些课程直到现在仍然是世界各地设计学校的必修课。同时，也聘请了著名的工艺家指导学生在工场实际操作，通过实行工场的教学，包豪斯的学生不仅能够掌握建筑设计与工业设计的基本原理与方法，而且能够把设计理论与工作实践相结合，使设计具有时代精神。此外，包豪斯还注意把教学、实践、展示、销售结合起来，树立整体形象，使这一所人数不过100多人的学校为世界所瞩目。在10余年的时间中，包豪斯共培养出500多名学生，受到了企业的广泛欢迎，产生了很大的影响。1925年包豪斯举办的名为"艺术与技术的新统一——包豪斯首次展览会"获得成功。后来，由于传播民主思想，包豪斯受到了纳粹的迫害，于1933年4月关闭，结束了其14年的发展历程。但是，包豪斯的精神将永存。

包豪斯不仅推动了现代工业设计事业，而且对发展现代设计教育体系都起到了相当重要的作用，如现代设计基础课（包括平面构成、立体构成、色彩构成、材料学和模型制作）至今仍是工业设计教育的支柱。1937年，包豪斯杰出的设计师相继来到了美国，极大地推动了美国的工业设计。

（三）艺术与设计：20世纪30年代的工业设计

以包豪斯为代表的现代设计理论强调忠实于材料，真实地体现产品的功能和结构，并力图用以抽象的几何造型为特征的美学形式来改造社会。但是，消费者的审美情趣和资本主义的商业本质并没有得到重视。尽管包豪斯的思想在20世纪20—30年代在设计理论界受到推崇，但就两次世界大战之间为大多数人所接受的实际产品而言，现代设计理论并没有产生太大的影响。钢管椅这一类典型的现代设计只是被用作正规公共场合的标准用品，没有受到寻常百姓的普遍欢迎，他们中的大多数更倾向于市场上那些在形式上更富表现力和吸引力的现代流行趣味：艺术装饰风格与流线型风格。

1.艺术装饰风格（Art Deco）

艺术装饰风格一词出自1925年法国巴黎举办的国际装饰艺术与现代工业展览会（Exposition Internationale des Arts Decoratifs et Industriels Modernes），主要指20世纪20—30年代流行于法国的一种装饰风格。它涉及家具、玻璃、陶瓷、饰品、绘画、图案和书籍装帧等广泛的设计领域，并扩展到

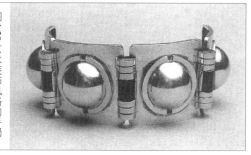

图4-30 艺术装饰风格的手镯

建筑、室内及陈设设计，还对工业设计产生了重要的影响。艺术装饰风格以富丽和现代感而著称，可以说，它是新艺术运动对新风格探索走向商业化的产物。

艺术装饰风格出现在法国并非偶然。20世纪20年代，巴黎所汇集的各种前卫艺术家和艺术活动使巴黎仍然保持着艺术重地的传统地位，同时它还是法国上流社会的汇集之地。由于物质、社会及意识形态的急剧变化已形成一股强大的影响力，并改变着人们的审美趣味，世纪之交的新艺术运动受到越来越普遍的关注，所以新风格的设计必将走向广泛的市场。当时不少设计师开始尝试以更有效的方式寻求一种富丽而新奇的现代形式，使其既能满足富有阶层的奢华需要和猎奇心理，又能利用一般人羡慕财富和豪华的心态使这些形式真正成为一种大众趣味。

艺术装饰风格的形成更有其直接的原因。新艺术运动中以维也纳分离派和英国麦金托什为代表的几何形式风格成为艺术装饰风格简洁式样的先导；立体主义绘画和包豪斯对几何形式的强调也成为其重要的影响因素。与此同时，赴巴黎演出的俄国现代芭蕾舞剧鲜明色彩的服饰以及野兽派富有幻想的艺术手法都成为创造艺术装饰风格的灵感来源。而且，艺术装饰风格还从历史和异国情调中寻求猎奇，以满足有闲阶层的心理。1923年，埃及图坦卡蒙法老墓的发现，再次展现了古埃及的辉煌及文明，设计师们便从古埃及的遗产中借鉴绚丽的纹样和色彩，用于各种室内和产品设计。

于是，艺术装饰风格在吸收诸多艺术风格的过程中形成了其特有的造型语言：趋于几何又不强调对称，趋于直线又不囿于直线，几何扇形、放射状线条、连续的几何构图、之字形或金字塔式的堆叠造型以及艳丽夺目甚至金碧辉煌的色彩等等。而这些新奇样式又是以贵重金属、宝石或象牙等高档材料表现出来的，因此在这些新奇和时髦中又弥漫着法国由来已久的贵族情调，如图4-30为艺术装饰风格的手镯，如图4-31为艺术装饰风格常见的造型语言。

由于其简洁、规范并趋于几何的造型适于机器生产，同时，塑料、玻璃等廉价新材料大量出现，而且这种式样已成为那个时代所追逐的"摩登"口味的同义词。所以，艺术装饰风格在20世纪20年代后期很快就被商业化，流行于广大的产品市场。到了30年代，这种风格对欧美尤其是美国和英国产生了很大的影响。它与当年纽约上流社会以及好莱坞汇合，发展成为一种以迷人、豪华、夸张为特点的所谓"爵士摩登"，并为批量生产所采用，波及了30年代早期从建筑到日常用品的各个方面，成为人们逃避经济大萧条的一剂良方。

艺术装饰风格影响了一系列批量生产的产品的风格。从其形成过程来看，它主要是一种对装饰风格的改革，是现代艺术与巴黎奢华生活相结合的畸形产物，在开始时就有商业主义色彩，因而在许多设计中难免有矫揉造作和哗众取宠之嫌。但是，从另一方面来看，作为新艺术运动寻求新风格的继续并逐步走向商业化的必然过程，它作为象征现代化生活的风格被消费者广泛接受。

图4-31 艺术装饰风格常见的造型语言

2.流线型风格（Sreamlining）

流线型原是空气动力学名词，用来描述表面圆滑、线条流畅的物体形状，这种形状能减少物体在高速运动时的风阻。但在工业设计中，它却成了一种象征速度和时代精神的造型语言而广为流传，不但发展成为一种时尚的汽车美学，而且还渗入到家用产品领域，影响了从电熨斗、面包机到电冰箱等产品的外观设计，并形成了20世纪30—40年代最流行的产品风格。流线型风格实质上是一种外在的"式样设计"，它反映了两次世界大战之间美国人对设计的态度，即把产品的外观造型作为促进销售的重要手段。为了达到这个目标，就必须寻找一种迎合大众趣味的风格，流线型由此应运而生，给20世纪30年代处于经济大萧条中的美国人民带来了希望和解脱。

流线型风格的流行也有技术和材料的原因。20世纪30年代，塑料和金属模压成型方法得到广泛应用，并由于较大的曲率半径有利于脱模和成型，这就确定了其设计特征，无论是冰箱还是汽车都受其影响。另外，随着单块钢板冲压整体式外壳的技术取代了框架结构，圆滑的外形也取代了棱角分明的外观。

此外，流行的兴起和美国职业工业设计师的出现密切相关。第二次世界大战之前，工业设计师作为一种正式的职业出现并得到了社会的认可。尽管第一代职业设计师有着不同的教育背景和社会阅历，但他们都是在激烈的商业竞争中跻身于设计界的。他们的工作使工业设计真正与大工业结合起来，同时也大大推动了设计的实际发展。设计不再是理想主义者的空谈，而是商业竞争的手段。1929年美国华尔街股票市场的崩溃和紧接而来的经济大萧条，在幸存的企业中产生了激烈的竞争压力。当时的国家复兴法案冻结了物价，使厂家无法在价格上进行竞争，而只能在商品的外观质量和实际使用性能上吸引消费者，因此工业设计成了企业生存的必要手段。在这种背景下，一代新的工业设计师出现了，在他们的努力下，工业设计开始被认为是商业活动的一个基本特征。第一代美国工业设计师大多是流线型风格的积极倡导者，他们的许多设计都带有明显的流线型风格，从而推动了流线型风格的流行。如罗维的产品设计虽然种类繁多，但大多带有流线型风格的特点。1937年他为宾夕法尼亚铁路公司设计的K45/S-1型机车便是一件典型的流线型作品，车头采用纺锤状造型，不但减少了风阻，而且给人一种象征高速运动的现代感，如图4-32所示。

但是，流线型风格与艺术装饰风格不同，它的起源不是艺术运动，而是空气动力学实验。有些流线型设计如汽车、火车、飞机等交通工具，是有一定的科学基础的。但在富于想象力的美国设计师手中，不少流线型设计完全是由于它的象征意义，而无功能上的含义。表示速度的形式被用到了静止的物品上，体现了流线型作为现代化符号的强大象征作用。在很多情况下，即使流线型不表现产品的功能，它也不会损害产品的功能，因而流线型风格变得极为时髦。

当然，美国式流线型风格的影响并不局限于美国，它作为美国文化的象征，通过出版物、电影等形象化的传播媒介而流传到世界各地。在欧洲，也出现了卓越的流线型设计，

图4-32 罗维设计的K45/S-1型机车

图4-33 波尔舍设计的大众牌小汽车

其中最有代表性的是由德国设计师波尔舍（Ferdinand Porsche）设计的酷似甲壳虫的大众牌小汽车，如图4-33所示。

流线型作为一种风格是独特的，它主要源于科学研究和工业生产的条件，而不是美学理论。新的时代需要新的形式和新的象征，与包豪斯刻板的几何形式相比，流线型毕竟更易于为人理解和接受，这也许是它得以广为流行的重要原因之一。流线型不仅由20世纪30年代一直流行到战后初期，而且在80年代后期又卷土重来，影响至今，使汽车、家用电器乃至高科技的电脑设计都带有明显的流线韵味。

（四）设计与功能：20世纪40—50年代的工业设计

1939年，第二次世界大战导致了消费物品设计文化的暂时停滞，以前投在消费商品设计上的人力和物力都转向了为炮弹、为枪支、为战争的交通设施以及其他军事器械的设计。以前生产家具的工厂现在生产起战斗机，用于服装的布匹这时用来制作降落伞和军服。在战争的环境里，持续到20世纪30年代相当有意义的设计讨论这时也告一段落，只有在一些特殊的情况下才允许设计师工作。在这种情况下，画图纸的设计师被命令制作宣传材料，另一小批设计师被要求设计军事武器和机械。例如美国家具设计家查理斯·伊姆斯（Charles Eames）负责设计胶合板做的夹板，用以挽救负伤战士的生命。

然而，唯一的设计实验却是在战争中的英国进行。1941年丘吉尔（Winston Churchill）制定了一个称为实用主义（Utility）的计划。这意味设计出一个消费商品的限制范围，包括餐具、衣物、收音机和家具。实用主义设计意味着给每个人相同的选择，按严格控制的定量计划消费。对英国来说，这是一个很特别的社会实验，只有在战争的压力下才会运用实用主义设计。这意味着像诺曼·哈特内尔（Norman Hartnell）这样的高级时装设计大师每天为普通妇女设计时装，而高登·拉瑟尔（Gordon Russel）则制作家具。

1945年，战争留下的是一片荒废和衰竭，大批企业破产倒闭，除北美和澳大利亚保持完好外，其他国家都陷入了困境。为了帮助恢复经济，美国提出了"马歇尔计划"，不仅向同盟国提供巨款和技术上的帮助，而且还向战败的德国、日本同样提供援助。在这些恢复经济的计划中，关键的战略是设计，它在增加出口、促进贸易和生产中都发挥了重要作用。如英国成立了工业设计委员会，以这种政府机构去提高工业设计的水平。现在这个设计委员会还在这一阵线上发挥着重要作用。其他国家纷纷仿效英国：例如1950年德国成立一个设计组织，称为Rat fur Formgebung；1954年日本组织了"日本工业设计者联盟"。各国政府开始恢复设计展览以及国内外设计技术贸易交易会，著名的例子有"米兰设计节"、"英国设计节"、"芬兰设计节"等。新闻媒介出版物及广播宣传部门也开始注意设计业，国际上设计业多年来无以施展，现在机会来了，便迫不及待地加入到世界的重建中去。

20世纪50年代受战争的影响，人们还处于物质短缺和定量配给的状态，此时设计观念却发生了全新的变化，这几乎不令人感到惊奇。人们把变化后的设计称为"当代风格"，它不仅是一种新设计风格，更代表着未来的图景。

战争给人们留下共同的目标和事业，这就是重建未来，所以"当代风格"并不是一种时髦的设计风格，而是实实在在为人们设计各种东西。在战后的几年内，大家都认为现代设计应该没有阶层之分，它应该同时适合富裕家庭和普通工人家庭。设计家、消费者和政府共有一个重要的设计观念，例如英国设计委员会用"当代风格"设计装修设计展览厅，以证明它的优越性和花费低廉。尽管这种设计的理想主义偏离了50年代的基本风格，但是设计业一致认为，设计对社会发展有着很重要的作用。设计形势最基本的变化是战后50年代经济的迅速好转，设计不仅对美国具有重大意义，而且也促进了欧洲和日本50年代末经济的发展。全世界设计师的任务是为战后的家庭设计用品，这些用品要求达到灵活、简洁的效果，比如隔开房间用的屏风、可改装的沙发床等。同时市场上还大量地需求小汽车、摩托车和其他消费商品，包括冰箱、炊具、收音机和电视机等。经济的繁荣不仅给设计师提供了大量施展才华的机会，而且激励了生产者重振旗鼓的信心，他们相信现代设计的产品一定会有销路。

20世纪50年代的新风格也称为"有机设计",因为它的形势有一些借鉴于美术发展,如雕塑家亨利·摩尔（Henry Moore）、考尔德（Alexander Calder）和阿普（Jean Arp）,还有画家克利等,他们的风格对设计都产生了很大的影响。这些"当代风格"的成分表现在设计上,使物品如沙发、烟灰缸、收音电唱两用机、鸡尾酒等呈现出各式各样、丰富多彩的局面。如图4-34所示的有机形态为摩尔的雕塑作品和尼佐里（Macello Nizzoli）设计的米里拉牌缝纫机。

20世纪50年代设计的另一个重要的变化是重新出现明亮色彩和粗犷的构图,这是对战争带来的物质短缺、定量供给以及各种束缚限制的自然反应。消费者在餐具和室内颜色与构图的选择上也变得大胆而具有冒险性。这个时代的颜色,如热烈的粉红色、深橙色、天蓝色和嫩黄色一起走进了战后人们的家庭,墙纸、织品、地毯都采用这一类色彩。

肌理是另一个重要主题。典型的50年代家庭不仅以明亮的颜色为特征,而且还使用各种肌理不一的材料,比如把自然木和砖石结合起来。家具表面很讲究触觉效果,利用先进技术诸如冷却和酸腐蚀,加上刻、雕以及印的各种图案,触觉效果的确大不一样。再者,抽象绘画和表现主义绘画对设计者的影响也很大。

另外,科学的作用以及战后新的审美和新技术也有不可忽略的重要作用。20世纪50年代是原子弹和人造卫星的年代,展现在人们面前崭新的未来景象深深打动了设计家们。这种对技术新的态度促进了两个发展。第一个是工业生产过程中采用了新材料和新技术。1942年聚乙烯、聚酯和后来聚丙烯的发现进一步拓展了塑料在设计中的应用。胶合板也是战争期间获得巨大发展的有趣例子,同时市场出现了人造纤维如涤纶。

科学对设计的第二个影响是设计从科学中吸取营养、此外得到动力。原子、化学、宇宙探索和分子构成启发了设计家们,他们把由此得到的想象吸收到50年代装饰语言中,结晶体的图案和分子构成图案都被设计家运用到设计中。宇宙探索是另一个重要主题。1957年苏联人发射了第一、二号人造卫星,于是火箭形象就在设计图上和织品上广泛传播。人们普遍对太空旅游抱有幻想,无论它是否真实。

为什么设计在战前和战后的这段时间,经历了一个无市场阶段?一个重要原因是:重要的设计国家之间的实力均衡发生了偏斜。20世纪初支配国际设计局面的国家如法国和德国,到50年代逐渐被意大利、美国和斯堪的纳维亚国家替代了。

意大利成为设计界的先锋和改革者,令人颇为惊奇。早在20世纪初期,意大利的工业发展缓慢。战争年间法西斯运动企图实现国家现代化,鼓励工业和新工业产品的发展,像电车、火车、小汽车等,然而家具、玻璃器皿、陶器这一类传统工艺的生产方法依然照旧如初。战后国家破损不堪,几乎耗尽了全部物力,但是到40年代末,政府下决心要重整国家,这一时期被称为重建时期。推翻了法西斯主义,设计师得到了解放,他们把设计当做新意大利民主主义的表达,当

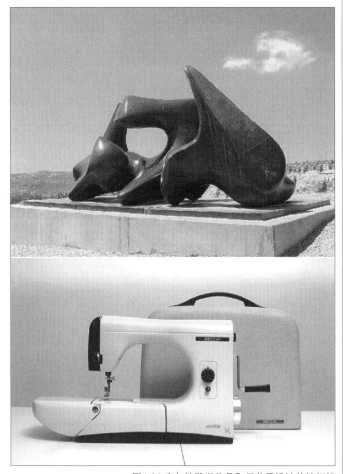

图4-34 摩尔的雕塑作品和尼佐里设计的缝纫机

做反对那种支持独裁政治的形式主义风格的一次机会。不到十年的时间,意大利一跃成为现代工业国家,能够和法国、德国相媲美。更令人感兴趣的是:有特色的意大利商品和产品几乎瞬间便占领了世界市场。意大利设计十分现代,它的设计家走上了一条新道路。卡西纳（Cassina）、阿特鲁西（Arteluce）和特科诺（Techno）以及建筑家莫里诺（Carlo Mollino）和庞蒂（Gio Ponti）等为意大利新设计的特展现在成为闻名遐迩的"米兰设计节",不仅展出意大利人的设计潮流和信心,而且还鼓励同行之间进行激烈的讨论。这一切大大丰富了意大利的设计。

到20世纪50年代末,一种重新认识的意大利设计方法在时装和电影艺术上取得成功,并且把一些专用的设计标志介绍给消费者,例如1946年阿斯卡里奥（Corradino d`Ascanio）为比亚乔（PIAGGO）公司设计的维斯珀摩托车、尼佐里为奥利维蒂（Olivetti）设计的打字机,如图4-35和图4-36所示。

斯堪的纳维亚是欧洲另一个设计上很有实力的地区。当20世纪50年代瑞典、丹麦、芬兰在自得其乐的同时,就在考虑要把斯堪的纳维亚独有的设计推向市场。这个策略很成功,近10年后斯堪的纳维亚风格便成为50年代家庭风格的典范。它的特征是设计简朴、功能性好且每个人都能买得起。他们的成就在战前就有很深的根基,例如1930年斯德哥尔摩展览会上,马特逊（Bruno Mathsson）和弗兰克（Josef

图4-35 阿斯卡里奥设计的维斯珀摩托车

图4-36 尼佐里设计的奥利维蒂打字机

Franck）设计的瑞典家具，还有阿斯普伦德（Asplund）的建筑都给世界设计界留下了深刻的印象。现在，人本主义者把现代主义的观点和战后新的表现色彩及根本形式等各因素又都联系了起来。如图4-37为马特逊于1936年设计的扶手椅，图4-38为弗兰克设计的扶手椅和凳子。

20世纪50年代期间，斯堪的纳维亚设计形成了自己的风格，从玻璃器皿上可以看出它们的特点和精湛之处，而且织品和陶器也独树一帜。在家具领域，丹麦家具设计的创新以及质量也都一直走在前列，著名的设计家尤尔（Finn Juhl）设计出的家具有雕塑感的形式，雅各布森（Arne Jacobusen）设计的"蚁椅"是50年代最成功的成批生产的椅子。他把形式和新技术结合起来，创造了一系列一流的设计，包括"蛋椅"和"天鹅椅"。

这些椅子采用纤维玻璃，加垫乳胶泡沫，并用维尼龙布或毛织物盖在上面。如图4-39为雅各布森设计的蚁椅，图4-40为尤尔设计的Chieftains Chair，图4-41为雅各布森设计的蛋椅。

芬兰在一系列应用艺术上也大胆进行实践，并最终引起了全世界的关注，其中塔皮奥·维卡拉（Tapio Wirkkala）的玻璃设计可谓典型，如图4-42所示。他钻研自然主义，从中吸取营养。弗兰克（Faj Franck）针对工业大量生产和产品标准化问题，设计了具有表现主义形式的餐具，色彩十分明亮。事实上，斯堪的纳维亚设计师几乎控制了50年代的设计，以至没有哪一个高档家庭会没有丹麦的椅子或瑞典的地毯。

图4-37 马特逊设计的扶手椅

图4-38 弗兰克设计的扶手椅和凳子

图4-39 雅各布森设计的蚁椅

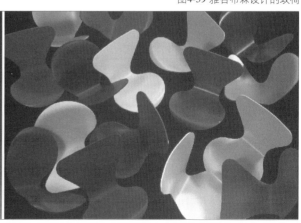

20世纪50年代美国的设计也很突出。尽管美国也卷入了战争，但它没有受到欧洲那样大的创伤，所以到了50年代，美国已经成为世界经济和政治大国。从1954年到1964年，美国十分繁荣发达，在各种消费商品、工业设计和生产上，都占据着世界的领导地位。它为设计开拓了两个重要领域。第一个是建筑和家具领域，和欧洲的设计比起来，它算是当代风格了。在设计革新上，诺尔（Knoll）和赫尔曼·米勒（Herman Miller）公司占了主导地位。它们对产品的功能、结构、材料重新审视，可算是当代设计的先驱者，技术革新是其产品的重要特征。诺尔集团公司最有影响的设计家是伯托亚（Harry Bertoia），他设计了一款很有名的座椅，用弯曲的线绕成一个个格子而成，如图4-43所示。诺古奇（Isamu Noguchi）和萨里宁设计了一种可以用模子铸的塑料"郁金香椅"，如图4-44所示。在这期间，尼尔森（Gorge Nelson）是米勒公司的设计主持，他手下一个著名的设计师伊姆斯设计了大量可用模子铸的胶合板和塑料家具，并且先后把它们投入生产，如图4-45所示。

同时，为了适应这种世界上最先进的大众消费文化，美国崛起了一系列重要的设计发明。这些设计发明非常有特点，像把车开入并在车内观看电影的电影院、麦当劳、迪斯尼乐园、电视机等。这种迎合消费者的设计，无论在形式上还是细节上，都是奢侈的，它是这个国家雄厚实力的显现。20世纪50年代，流行文化在美国汽车上体现得最持久。最著名的设计是厄尔为通用汽车所作的诸多设计，在凯迪拉克车和别克车上，他慷慨地使用铬黄的尾鳍，并且在很多细节上模仿火箭和喷射式，如图4-46所示。

20世纪50年代美国的设计和欧洲当代设计很少有相同之

图4-40 尤尔设计的Chieftains Chair

图4-41 雅各布森设计的蛋椅

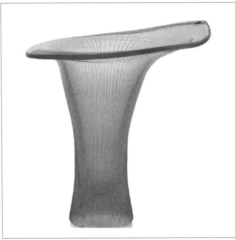

"(Kantarells)花瓶" 1946年

图4-42 维卡拉设计的玻璃花瓶

图4-43 伯亚托设计的钻石椅

图4-44 萨里宁设计的郁金香椅

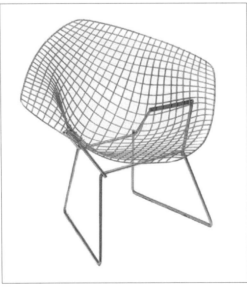

处，它是消费者的庆典设计，那时确实相当鼓舞人心。然而到了50年代末期，这些设计面临着一个新的挑战，另一种异样的文化力量已经开始滋长——波普文化。

图4-45 伊姆斯设计的安乐椅和垫脚凳

图4-46 厄尔设计的凯迪拉克车

（五）设计与文化：20世纪60年代以来的工业设计

20世纪60年代以来，工业设计发展的一个重要特征是设计理念和设计风格的多元化。在50年代，以功能主义为信条的现代主义占据统治地位；进入60年代以后，随着社会经济条件的变化，又适逢几位现代主义大师的相继去世，新一代的设计师开始向功能主义发起挑战，这成为工业设计走向多元化的起点。功能主义的危机主要在于它在很多方面与资本主义经济体制鼓励消费、追求标新立异的特点是相背离的。另外，在一个不断发展和变化的社会中，试图保持唯一正统的设计评价标准是很困难的。此外，科学技术的发展也对工业设计的发展产生了重大的影响。随着电子技术的兴起，在60—70年代出现了急速的产品小型化浪潮，使许多产品能以很小的尺寸来完成其先进的功能，这样设计师在产品外观造型上就有了更大的变化空间和余地。而且，由于电子线路的功能是看不见的，并没有与生俱来的形式，人们无法仅从外观上去判断电子产品的内部功能，因此，现代主义所推崇的"形式追随功能"的信条在电子时代就失去了意义。这就要求设计师综合传统、美学和人机工程学等方面的知识，更多地考虑文化、心理以及人机关系等因素，而不仅仅是考虑产品的使用功能，从而将高技术与高情感结合起来。

同时，市场的变化也促进了工业设计多元化的发展。从20世纪60年代开始，均匀的市场开始消失。后工业社会是以各种各样的市场同时并存为特征的。这些市场反映了不同文化群体的需求，每个群体都有其特定的行为、语言、时尚和传统，都有各自不同的消费需求。工业设计必须以多样化的战略来应付这种局面，并向产品注入新的、强烈的文化因素。

另一方面，工业生产中的自动化，特别是计算机辅助设计和计算机辅助制造大大增加了生产的灵活性，能够做到小批量、多样化。

在这种强烈的设计文化性和设计多元化的繁荣中，既有稳健的主流，也有先锋的试验，还有向后看的复古。从总体上看，以现代主义基本原则为基础的设计流派仍然是工业设计的主流，但它们对现代主义的某些部分进行了夸大、突出、补充和变化。

1.理性主义（Rationalism）

在设计多元化的浪潮中，以设计科学为基础的理性主义依旧占据着主导地位。它强调设计是一项集体的活动，强调对设计过程的理性分析，而不追求任何表面的个人风格。它试图为设计确立一种科学的、系统的理论，即用所谓的设计科学来指导设计，从而减少设计中的主观意识。此处所说的设计科学实际上是几门学科的综合，它涉及到心理学、生理学、人机工程学、医学、工业工程等，体现了对技术因素的重视和对消费者更加自觉的关怀。

随着技术越来越复杂，对设计的要求也越来越专业化，产品的设计不再是一个人的工作，而是由多学科专家组成的设计队伍。国际上一些大公司也纷纷建立自己的设计部门，并按一定的程序以集体合作的形式来完成产品的设计，这样个人风格就很难体现在产品的最终形式上。此外，随着设计管理的发展，许多企业都建立了长期的设计政策，要求企业的产品必须纳入公司设计管理的框架之内，以保持设计的连续性，这些都推动了理性主义设计的发展。如荷兰的飞利浦公司、日本的索尼公司、德国的布劳恩（BRAUN）公司等。

同时，这种理性主义的设计改变了许多电器产品的形式。从20世纪60年代末以来，电器产品常常表现为黑色的塑料方盒子，外观细节减少到最低限度，看上去毫不起眼。在操作和显示的设计上，也尽量减少信息密度，有时表面连一个按钮都没有，如图4-47 安德瑞生（Henning Andreasen）设计的F78型电话机。

2.高技术风格（High-Tech）

20世纪60年代后，随着科学技术的发展，在工业设计领域兴起了一种影响十分广泛的设计风格——高技术风格。高技术风格不仅在设计中采用高新技术，而且在美学上鼓吹表现新技术，如图4-48高技术风格的茶具系列和桌子。

高技术风格的发展与20世纪50年代末以电子工业为代表的高科技迅速发展是分不开的。科学技术的进步不仅影响了整个社会生产的发展，还强烈地影响了人们的思想。高技术风格正是在这种背景下产生的。60年代法国设计师莫尔吉（Oliver Mourgue）为著名科幻电影《2001年，宇宙奥德赛》设计了影片中的布景，如图4-49所示。他制作了一系列形状古怪的家具和科学实验室场景，影响很大。当时各种科幻连环画也充满了所谓宇宙时代到处都是按钮、仪表的室内设计图片。这些大众传媒推动了高技术风格的普及，连一些厨房也被设计成科学实验室的式样，厨具、炊具也都布满了各种开关和指示灯。

在家用电器特别是电子类电器的设计中，高技术风格尤为突出，其主要特点是强调技术信息的密集，面板上密布着繁多的控制键和显示仪表。造型上多采用方块和直线，色彩仅用黑色和白色。这样就使家用电器产品看上去像一台高度专业水平的科技仪器，以满足一部分人向往高技术的心理。如图4-50为罗维于50年代设计的收音机。

高技术风格在20世纪60—70年代曾风行一时，并波及到70—80年代。但是高技术风格由于过度重视技术和时代的体现，把装饰压到了最低限度，因而显得冷漠而缺乏人情味，常常招致非议。因此，一些设计师开始致力于创造出更富有表现力和更有趣味的设计语言来取代纯技术的体现，设计开始由高技术走向高情趣。

3.波普风格（Pop Design）

波普风格又称流行风格，它代表着20世纪60年代工业设计追求形式上的异化及娱乐化的表现主义倾向。

当时的波普设计主要来自两方面的努力：一方面是思想敏锐、勇于反叛和敢于创新的设计师或刚从艺术及设计院校毕业的学生，另一方面是一些敏感于消费社会种种变化的零售商店店主、企业家和制造商。波普设计的最大特点是，采用现实生活中从绘画到普通日常用品的任何视觉元素作为象征主题，将夸张、变形的手法运用到产品式样的设计中。这些产品形象诙谐、轻松，常常使用象征性图案，达到最引人瞩目的效果，色彩艳俗夺目，强调色彩和图案的平面效果，忽视三维，摆脱正统的和强调实用性的外在形式，表现出强烈的通俗、乐观和可消费性，以象征一种时髦口味和反正统的生活方式。

图4-47 安德瑞生设计的F78型电话机

图4-48 高技术风格的茶具系列和桌子

图4-50 罗维设计的收音机

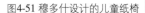

图4-49 莫尔吉为《2001，宇宙奥德赛》设计的场景

图4-51 穆多什设计的儿童纸椅

波普设计的传播非常广泛，在广告、招贴以及包装设计上的表现是最为直接和显著的。20世纪60年代英国的市场上开始出现一些波普家具，它们大多数是设计师个人的尝试，如穆多什（Peter Murdoth）设计的儿童"花斑纸椅"。如图4-51所示，表现了类似糖纸一般的被废弃的材料在家具中的使用，廉价、轻松。一些商店的室内也出现了波普家具，食品陈列柜被做成巨型罐头的式样，使商店轻松、诙谐又极富商业气息。在这里，现代主义的"形式追随功能"的信条被一种完全不同的滑稽和可消费性的手法所取代。

图4-52 工作室65设计小组设计的椅子

图4-53 文丘里为阿莱西公司设计的咖啡具

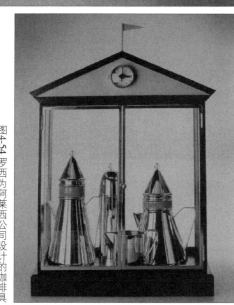

图4-54 罗西为阿莱西公司设计的咖啡具

波普设计完全是式样的设计，它试图彻底背叛现代主义思想所倡导的严肃、正统的"优良设计"，为消费社会建立一种新的产品意象，即"梦想起来是有趣的、制造起来是廉价的，而当横溢的情趣开始消退时，又是易于丢弃的"。20世纪60年代后期，波普设计带上了强烈的新艺术和艺术装饰复兴的意味。它是西方世界经济高度发展的产物，表现出了极其明显的乐观主义和追求消费的情绪，然而其设计本身却因其荒诞又玩世不恭而并未对广大市场产生影响。

进入20世纪70年代，随着资本主义世界经济的衰退，波普设计也成为历史。

4.后现代主义

后现代主义是旨在反抗现代主义纯而又纯的方法论的一场运动，它广泛地体现于文学、哲学、批评理论、建筑及设计领域中，所谓"后现代"并不是指时间上处于"现代"之后，而是针对艺术风格的发展演变而言的。它源于20世纪60年代，在70—80年代的建筑界与设计界掀起了轩然大波。

后现代主义鼓吹一种复杂的、含混的、折中的、象征主义的和历史主义的设计，其设计表现的源泉中既有光怪陆离的、五光十色的世俗文化，又有各种各样的历史风格，以简化、变形、夸张的手法来借鉴历史建筑的部件和装饰。后现代主义的发言人斯特恩（Robert A. M. Stern）把后现代主义的主要特征归纳为文脉主义、引喻主义和装饰主义，强调设计的历史文化内涵与环境的关系，并把装饰作为设计中不可分割的部分。

与现代主义的建筑师一样，后现代主义的建筑师也乐意充当设计师的角色，他们的设计作品对工业设计界的后现代主义起到了推波助澜的作用，并且使后现代主义的家具和其他产品的设计带上了浓重的后现代主义建筑气息。1971年意大利工作室65设计小组为古弗拉蒙公司设计的一只模压发泡成型的椅子，就采用了古典的爱奥尼克柱式，展示了古典主义与波普风格的融合。如图4-52为工作室65设计小组于1971年设计的椅子。

1979至1983年间，文丘里受意大利阿莱西（ALESSI）公司之邀设计了一套咖啡具，如图4-53所示。这套咖啡具融合了不同时代的设计特征，以体现后现代主义所宣扬的"复杂性"。1984年，他又为先前美国现代主义设计中心——诺尔公司设计了一套包括9种历史风格的椅子，如前面图3-2所示。椅子采用层积木模压成型，表面饰有怪异的色彩和纹样，靠背上的镂空图案以一种诙谐的手法使人联想到某一历史样式。1985年，格雷夫斯为阿莱西公司设计了一种自鸣式不锈钢水壶，如前面图3-3所示。为了强调幽默感，他将壶嘴的自鸣哨做成小鸟式样。意大利著名建筑师罗西（Aldo Rossi）也为阿莱西公司设计了一些"微型建筑式"的产品，如图4-54所示。这些建筑师的设计都体现了后现代主义的一些基本特征，即强调设计的隐喻意义，通过借用历史风格来增加设计的文化内涵，同时又反映出一种幽默与风趣之感，唯独功能上的要求被忽视了。

后现代主义在工业设计界最有影响的组织是意大利"孟菲斯"（Memphis）集团，成立于1980年12月，由著名设计师索特萨斯和7名年轻设计师组成。孟菲斯原是埃及的一个古城，也是美国一个因为摇滚乐而著名的城市。设计集团以此为名含有将传统文化与流行文化相结合的意思。"孟菲斯"成立后，队伍逐渐扩大，除意大利外，还有美国、奥地利、西班牙以及日本等国的设计师参加。

1981年9月，"孟菲斯"在米兰举行了一次设计展览，使国际设计界大为震惊。"孟菲斯"反对一切固有观念，反对将生活铸成固定模式。他们认为功能不是绝对的，而是有生命的、发展的，是产品与生活之间的一种可能的关系。所以功能不只是物质的，也是文化的、精神的。产品不仅要有使用价值，更要表达一种特定的文化内涵，使设计成为某一文化系统的隐喻或符号。"孟菲斯"的设计都尽力去表现各种富于个性的文化意义，表达了从天真、滑稽直到怪诞、离奇等不同的情趣，也派生出关于材料、装饰及色彩等方面的一系列新观念。

"孟菲斯"的设计不少是家具一类的家用产品，其材料大多是纤维材料、塑料一类廉价的材料，表面饰有抽象的图案，而且布满整个产品表面。色彩上常常故意打破配色的常规，喜欢用一些明快、风趣、彩度高的明亮色调，特别是跟波普风格类似的粉红、粉绿之类的艳俗色彩。1981年索特萨斯设计的一件博古架便是"孟菲斯"设计的典型，如图4-55所示。这些设计与现代主义的"优良设计"趣味大相径庭，因而又被称为"反设计"。

"孟菲斯"的设计在很大程度上都是试验性的，多作为博物馆的藏品，但它们对工业设计和理论界产生了极大的影响，给人们以新的启迪。许多关于色彩、装饰和表现的语言为意大利设计的产品所采用，使意大利的设计在20世纪80年代获得了极高的声誉。

5. 绿色设计

进入20世纪90年代以后，设计风格上的花样翻新似乎已经走到了尽头，后现代主义逐渐式微，解构主义也曲高和寡，工业设计亟须理论上的突破。于是，不少设计师转向从深层次上探索工业设计与人类可持续发展的关系，力图通过设计活动，在"人—产品—环境"之间建立起一种协调发展的机制，这标志着工业设计发展的又一次重大转变。

绿色设计的概念应运而生，并成为当前工业设计发展的主要趋势之一。

绿色设计源于人们对于现代技术文化所引起的环境及生态破坏的反思，体现了设计师的道德和社会责任心的回归。在很长一段时间内，工业设计在为人类创造了现代生活方式和生活环境的同时，也加速了资源和能源的消耗，并对地球的生态平衡造成了巨大的破坏。特别是工业设计的过度商业化，使设计成了鼓励人们无节制消费的重要手段。20世纪50年代美国的"有计划商品废止制"就是这种现象的极端表现，因而招致了许多批评和责难，设计师们不得不重新思考工业设计的职责和作用。

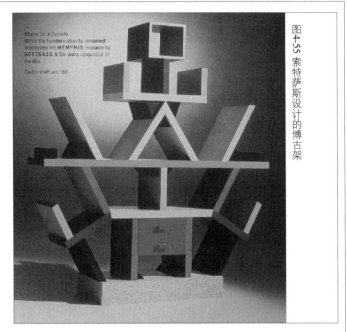

图4-55 索特萨斯设计的博古架

绿色设计着眼于人与自然的生态平衡关系，在设计过程的每一个决策中都充分考虑到环境效益，尽量减少对环境的破坏。对于工业设计而言，绿色设计的核心是Reduce、Recycle和Reuse，它强调设计不仅要尽量减少物质和能源的消耗，还要减少有害物质的排放，而且要使产品及零部件能够方便地回收并再生循环或重新利用。绿色设计不仅是一种技术层面的考虑，更重要的是一种观念上的变革，要求设计师放弃那种过分强调产品在外观上标新立异的做法，而将重点放在真正意义的创新上，以一种更为负责的方式去创造产品的形态，用更简洁、长久的造型使产品尽可能地延长其使用寿命。

20世纪80年代开始出现的极少主义便是绿色设计的体现。它追求极端简单，将产品造型简化到极致，从而尽量减少无谓的材料消耗，并重视再生材料的使用，从而创造了一种全新的设计美学。法国设计师斯塔克（Philip Starck）便是这一风格的代表人物。他的设计造型简洁，基本上将造型简化到了最单纯但又十分典雅的形态，从视觉上和材料的使用上都体现了"少就是多"的原则，如图4-56为斯塔克设计的"极少主义"凳子。

图4-56 斯塔克设计的凳子

二、工业设计的地域性

自然地域的差异是造成不同地域的生活习惯和民族文化风格的基础。为适应不同地域的生活，人们势必会逐渐形成适合自己生活条件的生存信仰、生活价值观等，并且由此逐渐发展起来的经济文化的诸多因素会左右对产品的选择。同时，工业化生产带来了一致的，廉价的实用产品，但人们已经不再单单满足于千篇一律的面孔。地域性给设计师们带来挑战的同时也给设计师们带来了更多展示自我的机会，让设计的世界变得流光溢彩。尽管经济文化越来越开放，设计的地域性带来的差异在逐渐缩小，但对于设计而言，历史、文化、经济、环境等因素仍旧会产生一定影响。于是，时代发展的时间过程使这些因素得以联合作用，于是产生了不同地域的不同特点和风格。

在《世界是平的：21世纪简史》一书中，美国作家弗里德曼（Thomas L. Friedman）将全球化划分为三个阶段："全球1.0"主要是国家间融合和全球化，开始于1492年哥伦布发现"新大陆"之时，持续到1800年前后，是劳动力推动着这一阶段的全球化进程，这期间世界从大变为中等。"全球2.0"是公司之间的融合，从1800年一直到2000年，各种硬件的发明和革新成为这次全球化的主要推动力，从蒸汽船、铁路到电话和计算机的普及，让世界从中等变小，但其间也曾因大萧条和两次世界大战而被迫中断。而在"全球3.0"中，个人成为主角，肤色或东西方的文化差异不再是合作或竞争的障碍。软件的不断创新和网络的普及，让世界各地人们可

图4-57 拉姆斯与古戈洛特设计的收音机及唱机组合

以通过网络轻松实现自己的社会分工。新一波的全球化，正在抹平一切疆界，世界变平了，从小缩成了微小。

不过，即使在"全球3.0"的背景下，各国之间的文化差异依然存在，并表现为不同的设计风格。这与不同国家和地区的历史文化、哲学思想、政治经济以及地理条件都息息相关，如日本设计带有明显的岛国痕迹、德国设计的理性主义和功能主义、斯堪的纳维亚设计则强调手工艺传统赋予现代科技的人文主义，而美国汽车的发展和它横贯东西的大陆交通线是分不开的。很多设计流派的形成更是立足于本地的文化特色，如维也纳分离派和先锋派等。

德国是工业设计运动的摇篮，包豪斯学校的设计和教学实践不仅培养出一大批设计力量，而且形成了一种设计文化的传统，这是一种把科技进步与设计实践密切联系起来的观念。1953年5月18日在芝加哥为祝贺格罗皮乌斯70寿辰举行的大会上，米斯讲话指出："包豪斯是一种观念。我确信，包豪斯给予世界上每一个进步学派以巨大影响的原因，只有从下面这一事实中来寻找，即它是一种观念，这样一种共鸣不可能依靠组织或宣传的力量来达到，只有一种观念才具有如此广泛传播的力量。"

德国是汽车的诞生地，在普及汽车的社会应用方面，著名汽车设计师波尔舍于1937年向政府提出了推广大众汽车，使每个家庭拥有自己汽车的建议，并设计试制了著名的甲壳虫汽车。由于该车性能优越而且价格低廉，一直生产延续到六七十年代，产量居世界之冠。

1950年乌尔姆设计学院成立，该校以发扬包豪斯传统为己任，后来在教学上减少了纯艺术内容，而增加了现代科学内容。该学院与德国布劳恩公司在产品设计上进行了成功的合作，如图4-57 拉姆斯（Dieter Rams）与古戈洛特（Hans Gugelot）于1956年设计的收音机及唱机组合——白色公主之匣。布劳恩公司所确立的优秀设计概念有如下几条。

（1）完美地实现其使用价值，直到每一细部的处理；

（2）遵循秩序化原理；

（3）优先采用简化形式；

（4）赋予产品一种均衡的、不刺眼的、中性的审美特质，从而取得独特性。

这些原则体现了德国传统的注重理性和功能的设计思想和模式，形成了严谨有序、一丝不苟的风格特征。在这种设计思想指导下，德国工业产品一贯以质量优异著称，以至于"德国造"几乎成了优良产品的代名词。

美国依靠市场机制实现了工业设计的普及和商业化。1929年的世界经济危机导致第一代工业设计师的独立经营，他们都留下了突出的业绩。提革于1936年为柯达公司设计的小型手持式照相机，造型简练精巧，使技术功能与外观效果很好地结合起来，如图4-58所示。盖茨提出了一套完整的设计程序和市场调查方法，并且对未来的飞机、轮船、汽车进行过大量预想设计。德雷夫斯（Henry Dreyfuss）为贝尔公司设计的300型电话机，风格朴实直率，而且便于保洁和维修，其市场份额占有长达几十年，如图4-59所示。

图4-58 提革设计的柯达照相机

罗维不仅设计了大量产品的商标标志，而且参与了美国总统座机空军一号的内部装饰设计。这些工业产品直接影响着人们的生活方式，成为现代生活形态的重要内容。

当然，美国高消费的生活方式也直接在产品设计中表现出来。例如在汽车设计中，单纯追求豪华和舒适造成了某些华而不实的风气，1959年前后许多小汽车尾部设计成鱼翅形或雁翅高高翘起。

日本从20世纪50年代开始由欧美引入工业设计，他们首先采取全盘吸收国外经验和技术的做法，以后逐步结合本国国情并从开拓国际市场的战略高度，形成独具特色的产品风格，由此涌现出一批著名的国际品牌，如索尼、松下（Panasonic）、佳能（Canon）、夏普（Sharp）等。他们的产品以小巧玲珑、节能和节约原材料为特点，从而在能源危机期间，小型汽车大量占领美国市场，在录像和摄像技术的实用化和商品开发中也遥遥领先，以致于在任何国际活动的场合都能见到索尼品牌的摄像机。

意大利的奥利维蒂公司是1908年成立的，1910年开始生产本国第一台M1型打字机。当时，奥利维蒂对它做了如下描述："该机在审美方面做过精心的研究，一台打字机不应是华而不实的装饰品，而应具有精美同时又庄重的外观。"该机到1929年产量达1.3万台，市场遍及欧洲各国。1932年是奥利维蒂公司工业设计的转折点，由此形成了自身独特的风格，确立了现代打字机的基本形态，其产品风格的统一特色对美国IBM公司提供了启示。

20世纪60年代中期意大利掀起了激进主义设计运动，它是针对战后意大利古典风格和僵化的功能主义信条而来的，其设计师有庞蒂以及孟菲斯集团、阿西米亚设计集团（Atelier Alchimia）等，著名设计家索特萨斯参与了他们的活动，并产生了世界性的影响。

50年代北欧斯堪的纳维亚半岛各国曾在世界各地举行了设计巡回展，它们的设计风格为世界各国所称赞。它们在功能主义设计观念的影响下，突出了人与自然的和谐关系和感官感受性的特点。瑞典伊莱克斯（ELECTROLUX）公司的家用电器产品既注重功能，造型又富有人情味，给人一种清新之感。沃尔沃（VOLVO）公司的汽车式样简洁，成为北欧的现代风格。丹麦的家具轻快优雅，芬兰的玻璃器皿细致考究，这些都在国际上享有一定的声誉。

综上所述可以看出，设计是通过文化对自然物的改造和重组，它具有文化整合的性质，因此在不同时代和不同区域、民族，设计风格必然呈现出迥异的、时代的、地域或民族的特征。在这里，不同时代的价值观念和生产力水平、不同地域的文化传统和自然条件、不同民族的性格和审美情趣必然通过设计风格表现出来，成为人类文化多样性的历史见证。

（一）英国设计

作为工艺美术运动诞生地的英国，曾出现过拉斯金、莫里斯这样的设计先驱，但由于思想传统保守、手工艺观念相

图4-59 德雷夫斯设计的电话机

图4-60 魏奇伍德公司设计的瓷器

当浓厚，导致在20世纪前期的设计竞争中，英国反而落后于德国、法国等欧洲国家。英国人勤于做买卖的习惯使他们对室内设计、商店橱窗设计、促销用的平面设计比较重视，因此，在这些领域中，英国具有一定的优势。另外，英国人生性节俭，在购买物品时喜欢精挑细选，所以对于物品的设计比较讲究。

英国经常被称为设计的故乡，因为18世纪工业革命从那里开始，这当然是工业设计发展的最重要而且唯一的前提条件。由瓦特（James Watt）发明的蒸汽机标志着漫长的工业革命的开始。在被用在织布机后，蒸汽机又很快征服了交通领域（火车头、轮船制造和陆地交通工具），同样也成功地影响了纸张、玻璃、陶瓷和金属的产量。在从英国传出之后，这些新发明了带来了深刻的影响（最初是在欧洲和美国），在人们的社会经济环境、工作和家庭生活、住宅供给以及城市规划等方面都可以感受到其带来的显著变化。在此之前的世界历史从未有过这样一个时期，像19世纪那样转变得如此彻底和迅速，这个过程是英国统治全球的时期，直到20世纪才结束。

19世纪晚期的工艺美术运动，代表了第一次严肃意义上的对工业化神话的反抗，这次运动被认为是最重要的设计源泉之一。在那些对于早期设计史的全面描述中，佩夫斯纳（Nikolaus Pevsner）特别指出了英国设计的主要人物：拉斯金、莫里斯、德莱塞、麦金托什、沃尔特·克莱恩（Walter Crane）和阿什比，他们的实践和理论工作对20世纪的设计产

图4-61 Bentley S1

图4-62 布兰克设计的海报

图4-63 戴森设计的真空吸尘器

生了决定性的影响。1915年成立的英国设计和工业协会被德意志制造联盟所仿效，其主要意图在于促进高质量的设计（尤其是在工业上），使产品的价格与维多利亚时期粗劣产品的价格相当。

第二次世界大战后，大多数的设计师继承了国家手工传统，设计出了在这个仍然繁荣的帝国销售良好的家具、玻璃制品、瓷器和纺织品。成立于18世纪的魏奇伍德公司（Josiah Wedgwood）已经成为该领域世界上最大的企业，它在1997年收购了德国的竞争对手罗森塔尔（ROSENTHAL）公司，是英国瓷器、陶器和玻璃工业的一个典型例子，如图4-60为魏奇伍德公司的瓷器。

第二次世界大战后，英国汽车公司阿斯顿·马丁（ASTON MARTIN）、本特利（BENTLY）、捷豹（JAGUAR）、MG、Mini Cooper、莲花（LOTUS）、路虎（LAND ROVER）、胜利（TRIUMPH）率先建立了英国设计的形象，使创新传统和技术革新得以协调，如图4-61为Bentley S1（1955年）。基于伦敦的工业设计委员会在这个过程中起到了主要作用，它是英国企业和设计公司强有力的推进者。

自20世纪60年代起，英国流行文化已经成为设计、广告、艺术、音乐、摄影、时装、实用艺术和室内设计的关键影响因素。披头士（the Beatles）、滚石（the Rolling Stones）及弗洛伊德（Pink Floyd）等人成为年轻一代反叛保守主义生活方式的缩影。归功于媒体强烈的覆盖能力，从英国开始的打击乐、流行音乐和摇滚乐成为全球社会文化和美学现象。

工业设计的突出人物之一是米沙·布兰克爵士（Misha Black），他为建立设计培训做出了卓越贡献，尤其是在其为皇家艺术大学服务期间。布兰克在很多国际组织中都是作为英国的代表参加，他还参与了至今仍在运作的设计研究中心的建立，如图4-62为布兰克设计的海报。

詹姆斯·戴森（James Dyson）是英国设计最不同寻常的人物之一，作为新型无集尘袋真空吸尘器的发明人，他成为了一位成功的商人。他在自己的产品领域进行设计、制造和销售，其设计创新以后现代的形式语言而在业界声名显著，如图4-63为戴森设计的真空吸尘器。

图4-64 阿拉德的设计作品

图4-66 欧文的设计作品

图4-65 迪克逊的设计作品

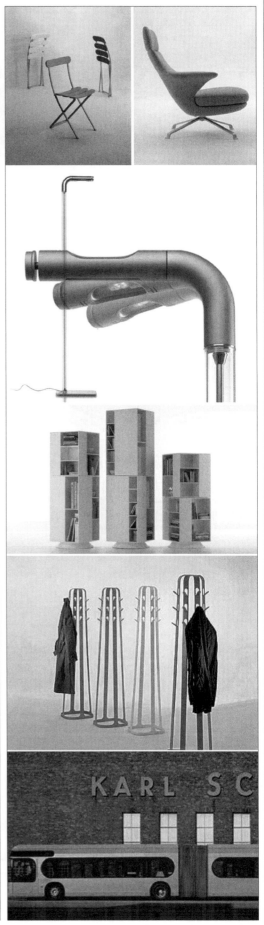

图4-66 欧文的设计作品

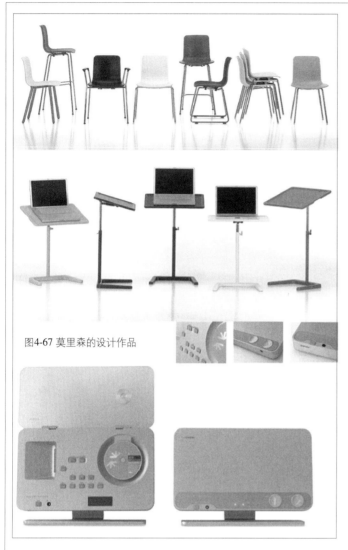

图4-67 莫里森的设计作品

有德意志制造联盟和包豪斯传统的德国，是工业设计的发源地。从德意志制造联盟到包豪斯的现代主义设计思想，再到后来乌尔姆造型学院的系统设计方法，德国人为现代设计的发展做出了不可磨灭的贡献。

当然，现代主义设计之所以诞生在德国，也有其文化上的原因。干燥的气候、多山的环境造就了严谨、理性的德国人。这种严谨和理性使得他们比较强调产品内在的功能、技术，形式上则强调秩序感、逻辑性和标准化。面对国际市场商品竞争愈演愈激烈的形势，具有理性主义的德国着眼于未来，在工业设计领域中，以其坚实的工业基础，结合科学技术最新成果的运用，努力保持和提高本国产品的竞争力，同时努力探索和创造人类更合理的生活方式和生活环境。

奴隶时代和封建时代的匠人能创造出精美绝伦的产品，但这些产品最终只能为少数人所享用。而大工业的生产方式决定了工业设计的特点是，设计必须以大批量、现代化为条件，以满足绝大多数人的需要为目的。德国包豪斯运动开创的世界工业设计革命，抛弃了作坊式的手工艺生产方式，又克服了工业革命初期的产品粗制滥造的弊端，首次提出了把技术与艺术相结合的口号，从而推动了德国经济的超前发展。这也充分证明：设计是科学技术变成现实生产力的桥梁。

直到今天，德国产品始终保持着很强的竞争力，不仅与科技有关，还与德意志民族的文化艺术传统有着密切的关系。许多伟大的哲学家，如康德（Immanuel Kant）、黑格尔（George Wilhelm Friedrich Hegel）、马克思及一些举世闻名的音乐家，如舒曼（Robert Schumann）、贝多芬（Ludwig van Beethoven）等都出生于德国。他们严谨的思维方式、丰富的想象力和作品的艺术感染力，都基于严格的数理逻辑。德国人对语言持有更强的表现力，而德语则是一种逻辑性强的技术语言。例如法国的印象主义（Impressionism）是在法国的工业革命时代应运而生的，他们的那种浪漫、抒情的意境和表现手法，与处于同一历史背景的德国表现主义（Expressionism）的那种理性和深邃截然不同。德意志民族的这种特点，不可避免地会在它的工业设计中得到反映。这表明设计可以将文化艺术变为生产力。

多年来，德国产品在国际贸易中占有相当重要的地位。如果说日本的产品是以设计新颖别致、价格便宜取胜的话，那么德国产品则以高贵的艺术气质、严谨的做工而成为欧美高级市场的畅销货。德国也是国际贸易的重要消费市场，但若要使产品挤进德国的市场，必须熟悉这个国家的文化背景和工业设计原则，必须下大气力才行。同时，这也表明各国都应形成各自的特色和设计风格才有竞争力。如图4-68为典型的德国家具设计，图4-69为德国布劳恩公司的产品。

科学技术的发展、人类认识世界的深化，赋予工业设计以更全面、更崇高的功能，它的作用扩展到满足人的生理需求、心理需求乃至对环境、社会的适应。德国的工业设计师们认为，工业产品不但是人类器官的延伸，而且进入了人的精神世界。

其他著名的英国设计师有：以色列出生的龙•阿拉德（Ron Arad），如图4-64为阿拉德的设计作品 MT Rocker Chair、Well Tempered Chair和Timothy Taylor Gallery；奈杰尔•科茨（Nigel Coates）；突尼斯出生的汤姆•迪克逊（Tom Dixon），如图4-65为迪克逊的设计作品 Mirror Ball Tripod Stand、Wingback FootstoolBlack Legs和 Etch Light 45；罗伊•弗利特伍德（Roy Fleetwood）；马修•希尔顿（Matthew Hilton）；詹姆斯•欧文（James Irvine），如图4-66为欧文的设计作品；丹尼•莱恩（Danny Lane）；罗斯•洛夫格罗夫（Ross Lovegrove）；贾斯珀•莫里森（Jasper Morrison），如图4-67为莫里森的设计作品HiFi（1998）、Plate Bowl Cup 和Nestables（2008）、Hal（2011）；阿根廷出生的设计师丹尼尔•威尔（Daniel Weil Pentagram的一员）等。

（二）德国设计

为什么20世纪初欧洲封建势力最强的德国能在经济上迅速超过资产阶级摇篮的法国和工业设计发祥地的英国？历史学家和经济学家通过争论得到答案，那就是德国受益于它所开创的世界工业设计革命。

在20世纪末期，面对环境污染、生态破坏、人口爆炸等人类将面临的危机，欧美兴起了回归大自然的浪潮，这也同样反映在十分重视环境设计的德国。长时间在商业广告海洋中生活的香港人或东京人，一旦来到处处绿草如茵、弥漫着中世纪恬静情趣的德国，绷紧的神经好像一下就放松了。在德国大城市里很难找到一块广告牌，出于整体环境设计的考虑，国家只允许少数圆形广告柱存在，它们既不遮挡人们的视线，又不污染大自然的美。这表明，满足人对物质与精神的双重需要，探索人类合理的生活方式和生活环境成为德国工业设计的原则。这或许也是德国保持经济长期不衰的重要原因。

德国前总理科尔（Dr. Helmut Kohl）曾亲笔为德国出版的《1995年IF设计奖》作品集撰写前言，他在结尾时写道："在21世纪的世界市场竞争中，德国必须靠工业设计保持并提高国家的竞争力。"德国工业的持续发展，正是德国各级政府大力推动工业设计成功经验的体现。

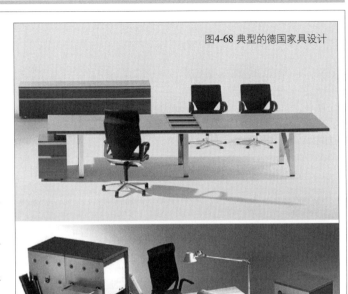

图4-68 典型的德国家具设计

（三）美国设计

美国是一个多民族的移民国家，文化包容性强。由于历史相对较短，无须背负沉重的历史包袱，自由、轻松的整体氛围使得美国的工业设计呈现出乐观向上、形式多样的面

图4-69 德国布劳恩公司的产品
图4-70 《时代》杂志关于罗维的封面

貌。汽车设计中的流线型风格就是一个典型的例子。即便在现代主义占据上风的20世纪中叶，美国通用、克莱斯勒、福特等汽车制造商也纷纷推出新奇、夸张的设计，以视觉化的手段反映了美国人对于力量和速度的向往。美国文化的另一个特点，即实用主义、功利主义及商业主义的盛行导致了美国设计的商业化倾向。用著名工业设计师罗维的话来说，"最美的曲线是销售上涨的曲线"，如图4-70为《时代》杂志关于罗维的封面。

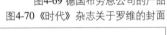
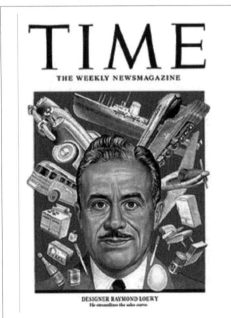

在这里，艺术与设计的唯一目的就是促销，设计是为了提高商品的利润率，艺术是为了增加商品的附加价值。从推动经济发展方面，这种商业化的设计思路具有积极意义。但是，我们应该清楚地认识到，这种完全从商业目的出发的设计造成了能源和资源的巨大浪费。从20世纪50年代末起，这种商业性的设计逐步走向没落，工业设计更加紧密地与行为学、生态学、人机工程学、材料科学等其他学科相结合，产品的宜人性、经济性和功能性重新获得了重视。

20世纪在美国设计的大规模生产在很大程度上是由机械化和自动化所驱动的。比照产品开发和设计的观点主要来自功能前景的趋势（当时在现实主义传统背景下的欧洲拥有牢固的地位），美国人很快意识到愉快设计的市场潜力。20年代是欧洲的艺术装饰风格时期，而在美国则是流线型的年代。在这一时期，流线型设计被应用到汽车、收音装置、室内用品、办公设施到室内装饰上。源自自然的形态水滴——被认为是最主要的形态，流线型成为现代性和进

图4-71 富勒设计蒙特利尔世界博览会美国馆

图4-72 富勒设计的Dymaxion汽车

图4-73 基士得耶速印机

图4-74 罗维的香烟包装设计

图4-75 IBM球形打字机

步的标志，也成为更加美好未来的期待。设计师将自己的工作理解成要使得产品无法拒绝。换言之，他们通过激发消费者对于产品渴望和需求的潜意识以驱使其购买。脱离了技术问题，设计师的工作被限制在了风格和样式上。

20世纪的一个例外是富勒（R. Buckminster Fuller），作为建筑师、工程师和设计师，他将"活力（dynamic）"和"最高效（maximum efficiency）"合成为"dymaxion"一词。在这一原则之下，他设计了建筑结构测量学意义上的穹顶，希望它能够覆盖整个城市地区。在微观层面上，他设计了滑艇和汽车（如三轮Dymaxion汽车），这些产品被认为是流线型时代的先驱。如图4-71为富勒1967年设计的蒙特利尔世界博览会美国馆，图4-72为富勒设计的Dymaxion汽车。

在这场设计运动中最有名的人物是法国人罗维，他在1919年移居到美国，很快便因宣扬设计是营销手段而获得成功。他那令人窒息的飞跃开始于对基士得耶（Gestetner）速印机，如图4-73所示。还有冰箱、交通工具、室内用品和室内装饰的再设计。他为Lucky Strike香烟的包装设计是少数几个没有被模仿的项目，如图4-74所示。

"永远不要忽视足够满意"（Never Leave Well Enough Alone）是他的口号和自传的标题，这也成为整个一代设计师的警句。罗维的毕生工作精彩地记录了设计学科是如何将自己完全置身于商业利益的服务中的过程。

盖茨、德雷夫斯、提革也是流线型时代的主要代表人物。他们为轮船、汽车、公共汽车、火车、家具以及其他很多产品的设计做出了大量的尝试。萨里宁、伯托亚、伊姆斯和尼尔森等人设计的家具与欧洲设计传统有着更为强烈的联系。这些设计师的基本兴趣在于对新材料如胶合板和塑料的研究，并将它们实验性地应用到设计中。他们把全新的雕塑美学诠释设计融合进了功能性方面，建立了与美国流线型时期有机的设计方法之间的关联。

汽车设计师厄尔自1927年起主管通用汽车公司的设计工作室的时间超过了30年，对很多汽车的设计做出了决定性的贡献。他所设计的汽车遵循风格与款式每年变化的模式，这使得"风格样式"的概念得到了提升：对于产品所进行的缩短生命周期和与时尚相关的改造，这也就是大家通常所说的"有计划商品废止制"。

如图4-76 苹果公司的产品

图4-77 Black & Decker公司的产品

图4-78 OXO公司的产品

艾略特·诺伊斯（Eliot Noyes）是最早关注于技术产品设计的设计师之一。在1956年被任命为IBM的设计指导后，他为企业的视觉形象做出了重要贡献，如图4-75所示的IBM球形打字机。

20世纪80年代后，大企业不仅使得美国成为经济上的全球主导者，也使美国因设计而得到尊重。福特、通用、哈雷、诺尔、米勒、铁箱（Steelcase）、苹果、惠普（HP）、IBM、微软、摩托罗拉、施乐（XEROX）、Black & Decker、Bose、耐克（NIKE）、OXO、Samsonite、Thomson和特百惠（TUPPERWARE）等，都是优秀设计的代表。如图4-76为苹果公司的产品，图4-77为Black & Decker公司的产品，图4-78为OXO公司的产品。

（四）意大利设计

意大利是欧洲文艺复兴的发生地，以其悠久而丰富多彩的艺术传统著称于世。意大利设计遵循的是以创造力和审美感知为基础的文艺复兴传统，也就是利用科技的最新成果，但同时又保留了手工技术和鲜明的意大利民族特征，这种特征和特色是意大利设计的灵魂。意大利的设计文化根植于艺术传统之中，同时也反映了意大利民族热情奔放的性格，形式上的大胆创新是其重要特征。

意大利的产品设计早就享有世界第一的声誉。欧洲最畅销的10种轿车，有6种是意大利人设计的。之所以这样，是因为植根于意大利悠久历史和灿烂文化的创新设计精神。创新是根本，意大利设计师乐于应用新技术、新材料，接受新色彩、新形式和新美学观，追求新潮流。因此可以说，意大利的前卫设计引领着世界设计的新潮流。

图4-79 Ferrari Enzo

图4-80 Lamborghini Murcielago

图4-81 门迪尼设计的普鲁斯特扶手椅

但是，意大利自身就在高度工业化的北方和农业化的南方之间存在巨大的经济差异。米兰、都灵和热那亚这样的大城市，生产汽车如菲亚特（Fiat）、法拉利（Ferrrari）、蓝旗亚（Lancia）、兰博基尼（Lamborghini）、玛莎拉蒂（Maserati）、比亚乔等，如图4-79为Ferrari Enzo，图4-80为Lamborghini Murcielago（2002年）。另外，机器制造、家居和办公用品如奥利维蒂的主要工业地区，以及散布极广、手工艺著名的中型企业，后者（尤其是在米兰附近的区域）则因玻璃、制陶、灯具和家具而特别著名。

意大利设计师协会在对意大利设计的推动上扮演了重要的角色。这个团体1956年成立，但它并不是只传统地关心如税收、法律、签约等相关问题，而是一个由受邀的建筑师、艺术家、生产者、文学家和设计师这些在文化活动中扮演积极角色的人组成的圈子。同时，意大利设计师协会还负责组织评选世界上声望最高的设计奖项之一——由米兰的百货公司拉·里纳申特（La Rinascente）赞助的"金罗盘奖"。

在意大利设计的发展历史中，有一系列期刊扮演着重要的角色，如《Abitare》、《Casabella》、《Domus》、《Internit》、《Modo》、《Ottagono》和《Rasssegna》等。这些期刊将各种各样的设计传达给广大的社会群众，而不仅仅只是局限于业内人士。

此外，米兰设计展对意大利工业设计的发展也起到了重要的作用。第二次世界大战后的米兰设计展明确关注设计的主题，而不仅仅是一个产品的展览。1947年其主题是"家和家饰"，而第一件设计作品卢桥·丰塔纳（Lucio Fontana）的灯光雕塑在1951年的第九届三年展"艺术的整体"中展出。随后几年卡斯蒂利奥尼兄弟（Castiglioni）也参加了。在1985年米兰设计展"选择的关系"的口号下，索特萨斯、门迪尼（Ateller Mendini）、阿道夫·纳塔利尼（Adolfo Natalini）和其他人展出了他们的作品。1994年第十九届三年展主题是"同一性和差异性"。从这些例子中可以看出，意大利对文化的广泛定义使得其轻松地将设计和艺术整合在同一起。如图4-81为门迪尼1976年设计的普鲁斯特扶手椅。

当然，意大利设计师的影响也是非常巨大的。他们仅用一支笔，便可以改变日常生活用品的面貌，改变人们对这些产品的看法。米兰博通（Bertone）的设计师最擅长设计汽车内部结构。正是他们把所有音响设备的外壳都染成了黑色，不仅产品美观，还给人一种凝重、可靠的感觉。黑色使音响设备销量大增，正如汽车设计大师皮宁法里那（Pininfarina）指出的："今天，欧洲市场上，两种同一用途、同一气缸容量的轿车，已没有什么大的区别，决定顾客购买这一种还是那一种的仅仅是产品的设计。"

意大利设计的特点之一就是要适合生产，还要揣摩顾客心理。全世界杰出的设计师汇集于米兰，从事桌椅、灯具、电视机和计算机的最佳设计，汽车设计师却都住在都灵。最能体现时代感的设计师马泰奥·图恩（Matteo Thun）说："我们是高格调的一代，我们追求一种更加舒适、更加刺激、更加触动感官与心灵的日常生活。"

尽管战后的意大利设计深受美国功能主义和商业化设计的影响，但他们没有被商业化牵着鼻子走，而是很好地协调了生产与文化之间的关系。意大利的工业设计协会主席曾说："在全世界，设计成果都来自和企业的合作，正如不存在无生产者的产品。在意大利，设计文化和企业文化进行合作，而且这种关系还体现在不断变化的革新能力上面。"

图4-82 克亚霍尔姆的设计作品

意大利设计的最大优势就是占尽文化优势，通过设计来体现时代精神、追求美的享受。意大利设计师的文化性、人文性、超越性和前卫性的创意思维，不仅推动着意大利工业设计的发展，更推动着世界设计走向一个又一个高潮。

（五）斯堪的纳维亚设计

看到家具、灯泡、墙纸、玻璃制品、瓷器和陶器这些会让人自然联想到"斯堪的纳维亚设计"的产品，斯堪的纳维亚设计具有一贯的文化标准特征，其设计的发展一直与手工技术品质的非间断传统有联系。

斯堪的纳维亚设计将德国严谨的功能主义与本土手工艺传统中的人文主义融合在一起，形成了独特的斯堪的纳维亚风格，既保留了自己民族的手工艺传统，又不断吸收现代科技中新的、有价值的东西，将传统手工艺与现代高技术相结合，走出了一条充满传统文化韵味的功能主义的工业设计道路。瑞典、挪威、芬兰、丹麦四国较早地注意到设计的大众化和人文因素，将人机工程学的知识广泛应用到设计当中，使设计出的产品形态和结构符合人体的生理和心理尺度，并更具有人情味。他们提倡由艺术家从事设计，使设计走上与艺术相结合的道路。

斯堪的纳维亚设计纯粹的功能主义形式语言和对材料、颜色的巧妙使用使其成为第二次世界大战后设计的典范，其产品设计的统治地位直到20世纪60年代才被打破。意大利的设计师使其设计和材料更好地适应了20世纪下半叶时期技术和产品文化的变化。

1.丹麦

最重要的丹麦设计师是雅各布森，他设计了椅子、灯具、玻璃制品、餐具以及大量的建筑。他的卫生设施作品被认为是简约功能主义作品的典范。南纳·迪策尔（Nanna Ditzel）、波尔·克亚霍尔姆（Poul Kjaerholm）、埃里克·马格努森（Erik Magnussen）和汉斯·J·维纳（Hans J. Wegener）等也是丹麦设计的国际知名人物。如图4-82为克亚霍尔姆的设计作品，如图4-83为维纳的设计作品：椅（1949年）、中国椅（1945年）和孔雀椅（1947年），图4-84为维纳设计的可叠放塑料椅，图4-85为维纳设计1970年设计的维西纳幻想空间。

还有潘顿，他设计了大量的家具、灯具和纺织品。他从1960年开始设计，1967—1975年间由米勒公司生产的可叠放塑料椅被看作是赋予塑料材质新自由形式的精华。在20世纪70年代初，他通过对颜色和形式无节制的使用，所创作的梦幻般的生活环境在科隆国际家具展上展出，并大放异彩。

丹麦的音响品牌B&O也同样顺应设计功能主义的传统，以最少的手段来实现设计的视觉简洁，在高保真音响领域上延续了传统现代主义的一贯性，如图4-86为丹麦B&O公司的产品。同时，家具制造商弗里茨·汉森（Fritz Hansen）将手工传统和国际设计师的创新概念融合起来，还有全球企业乐高（LEGO）在标准原则的发展过程中起了主导作用，它的产品对儿童的心理发展产生了重大影响。如图4-87为丹麦汉森公司的家具设计，图4-88为LEGO公司的产品广告。

图4-84 维纳设计的可叠放塑料椅

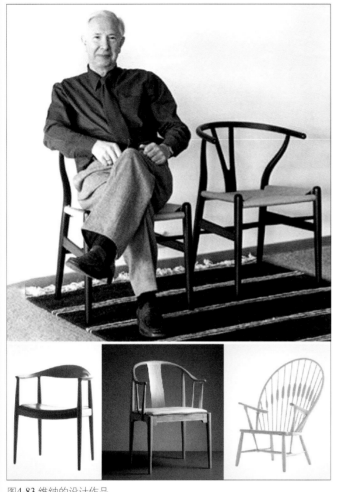

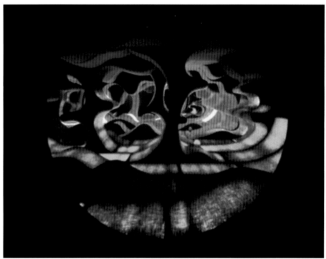

图4-83 维纳的设计作品

图4-85 维纳设计的维西纳幻想空间

图4-86 丹麦B&O公司的产品

图4-87-1 丹麦汉森公司的家具设计

图4-87-2 丹麦汉森公司的家具设计

图4-88 LEGO公司的产品广告

2.芬兰

芬兰有着悠久的手工艺传统，主要体现为玻璃制品和瓷器。但芬兰的工业尤其是出口行业，则主要依赖于工业设计。设计不仅对产品开发具有特殊价值，而且对公司的战略水平也产生影响。对设计提升价值产业而言，产品的外观是最重要的，然后是产品的舒适度和品牌识别；最不重要的因素是价格和技术因素。从其他行业来看，产品的可用性是最重要的，其次是技术性能和舒适度，最后是品牌认知、产品价格和产品外观。诺基亚（NOKIA）这个当初只是橡胶靴生产商，后来却成为世界手机设计的品牌已经承认"设计是在全球市场竞争的关键因素"，其执行的多元化产品政策，将当代时尚潮流和艺术级的技术融合在一起，如今已成为世界上主要的移动电话制造商。

在20世纪30年代，建筑师和设计师阿尔托就开始了胶合板的实验。这些材料最初被用在滑雪橇上，但阿尔托根据包豪斯钢管家具中的结构理念将其应用到木材上，如图4-89为阿尔托设计的扶手椅。年轻一代的设计师还包括哈里·科斯肯宁（Harri Koskinen），他站在芬兰现代主义传统观念上，为玻璃制品、餐具、厨房设施、家具和照明领域的国际企业进行设计；同时还包括斯特凡·林德福什（Stefan Lindfors），他是建筑师、设计师、艺术家，他为Arabia、Hackmann和Iittala等公司设计玻璃制品和家居用品，如图4-90为阿尔托1937年为Iittala设计的玻璃花瓶。

Arabia、Artek、Asko、Fiskas、Hackmann和Woodnotes等公司是芬兰设计的主要代表，如图4-91为阿尔托为Artek设计的部分家具。

3.挪威

挪威是斯堪的纳维亚国家中设计开发发展最晚的国家。由于对艺术和手工活动的格外重视，挪威几乎没有制造工业，直到最近才发展到系列产品设计的阶段。斯堪的纳维亚设计在这里被理解成一种生活方式：简化的形式语言、简单的制造过程和高度的可靠性。但是设计师更倾向于追寻早期的欧洲现代主义，而不是去追随斯堪的纳维亚自身的传统。

20世纪70年代，在挪威出现了两种不同的设计方法：第一种是设计师在工作室中为客户创造一次性的设计；第二种态度则是服务于工业规模生产。如今被遵循的则是第三种方法：真诚的、民族的和生态的工作方法。代表人物有奥拉夫·埃尔道伊（Olav Eldoy）、埃里克·伦德·尼尔森（Eirik Lund Nielsen）、卡米拉·宋格默勒（Camilla Songe-Moller）、萨里·叙韦洛马（Sari Syvaluoma）、约翰·维尔德（Johan Verde）、赫尔曼·坦德贝里（Herman Tandberg）等。

图4-89 阿尔托设计的扶手椅

图4-90 阿尔托设计的玻璃花瓶

图4-91 阿尔托设计的部分家具

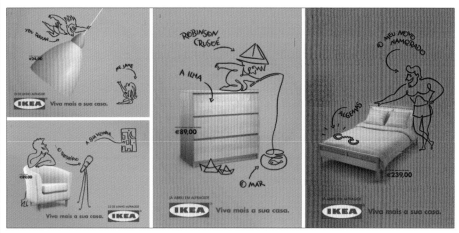

图4-92 宜家的产品广告

4.瑞典

瑞典建筑第一次真正意义上的革命发生在20世纪初期。1917年贡纳·阿斯普隆德（Gunner Asplund）将起居室和厨房融合到一起，其目的在于实现简单牢固的工业规模化生产，其家具是由斯堪的纳维亚地区独一无二的松木制造而成，这便是瑞典设计发展的起点。1930年，斯德哥尔摩的一次展出表明功能家具可以被视为时代的体现：简约和功能性是支配原则。同时在德国已经有了钢管座椅的实验。1939年的纽约世界展使"瑞典现代主义"成为国际设计概念的突破口。

20世纪40年代，瑞典制造联盟致力于提升家居环境，尤其是在适于儿童的房间方面。在接下来的10年中出现了新的居住方式，莱娜·拉松（Lena Larsson）是那些创造了起居、烹饪、游戏和工作的多功能房间的建筑师之一，她在1955年海森堡制造联盟展上发布了这些作品。

20世纪六七十年代很多大规模的家具生产链在瑞典建立，其目的在于塑造瑞典家具设计的产品文化形象。最著名的是宜家（IKEA），它在五个大洲30多个国家开设了超过150家分店。大约7万名员工每年创造出超过百亿欧元的营业额，每家分店出售的产品超过11500种，如图4-92为宜家的产品广告。宜家将其产品印刷在年录上全球发布，消费者可以

图4-93 巴黎蓬皮杜艺术中心

在家中平静地翻阅年录，然后通过邮件订购，或在分店中挑选。出于合理化原则，大多数家具被分解成几个部分，以使消费者能够自行装配。通过自己挑选颜色组合，有些家具可以由购买者自己实现定制。宜家的产品范围所吸引的人群年龄段从20岁到40岁，他们通常是为自己或孩子购买家具。这些产品并不昂贵，却影响了许多人的家庭陈设观念。Billy书柜就是其中的经典，每年的销售额超过200万个单体。

此外，类似伊莱克斯、哈苏（HASSELBLAD）、山特维克（SANDVIK）、Sabb和沃尔沃等企业，也以其永恒的、几乎免疫于时尚风潮的高质量技术产品为瑞典赢得了国际声誉。

（六）法国设计

法国地处温带海洋性气候，生活环境十分优越，这在一定程度上造成了法国人追求美妙、浪漫的生活习惯，也使得时尚成为这个迷人国度奉行的生活准则；作为时尚载体的时装、香水成了这个浪漫民族的代名词，装饰艺术运动的渲染形成了一种华丽、经典的浪漫风格。在法国，设计被视为高贵的象征，设计的服务对象是富裕的上流社会，这使得法国设计师更多地将注意力放在奢侈、高档的产品上，同时在一定程度上造成他们日常用品设计的落后。

长期以来，法国在绘画、雕塑、文学、音乐和戏剧等艺术领域和时装上的文化优势（但此处并不包括哲学和自然科学）对设计的影响是微乎其微的。直到20世纪30年代的艺术装饰风格时期，法国工匠和建筑师的装饰艺术才达到第一个高峰。住宅的室内设计、公共建筑甚至远洋轮船都成为法国"图案设计师"的实验领域。而且，这种"装饰艺术"的风格至今仍一直影响着法国设计。

与欧洲其他国家不同，法国事实上直到20世纪60年代早期才开始比较深入地研究工业设计的问题。1969年建立、1976年迁入巴黎蓬皮杜艺术中心（the Center Pompidou）的工业创作中心在这方面扮演了重要的角色，在那里举办的"法国设计1960—1990年"展览第一次对法国设计做了代表性的概括。如图4-93为巴黎蓬皮杜艺术中心。

20世纪90年代初，意大利的设计发展影响到法国。斯塔克便是其中的代表人物，他根据产品的设计和使用来变化角色、更换规则。对他而言，形式和功能的关系不是一种从文字上遵循的功能主义的规则系统，而是可能的、惊喜的宇宙，在此一个人能够用激情来设计，而无须屈服于使用性的前提。与意大利先锋派运动不同，斯塔克还适时地在他的家具设计中表达出支持平民的主张，以确保家具能以一个负担得起的价格制造和销售。但是他为阿莱西设计的外星人榨汁机，却又将交流功能置于实用功能之前，如图4-94为斯塔克为阿莱西公司设计的外星人榨汁机。

当论及法国设计的装饰传统时，必须提到的是设计师安德烈·皮特曼（Andrée Putmann），他的作品包括法英超音速飞机、协和式飞机和巴黎博物馆的室内设计。还有室内设计师杜奥·伊丽莎白·加鲁斯特（duo Elizabeth Garouste）和马蒂亚·博内蒂（Mattia Bonetti），他们都是新巴洛克设计风格的代表人物，其炫目的设计在后现代大都市中找到了客户。相反，享有国际声誉的建筑师J. 努维尔（Jean Nouvel）在他的家具设计中坚持古典现代主义。

从20世纪90年代起，许多法国青年设计师引起设计界的广泛关注，但是他们几乎全都从事室内设计并延续着法国设计的装饰路线，例如为维特拉公司（VITRA）设计用品和家具的Bouroullec兄弟。他们于2002年设计的办公家具系统JOYN，结束了所有的惯例，展现出对一种新的、高柔软性的、模块化的产品文化的伟大贡献，这件作品几乎完全重新定义了工作环境和家庭环境。图4-95为Bouroullec兄弟于2002年设计的办公家具系统：JOYN。

图4-94 斯塔克设计的外星人榨汁机
图4-95 Bouroullec兄弟设计的办公家具系统

图4-96 雪铁龙C3 Pluriel

然而，法国设计真正的繁荣是体现在汽车工业上。标致集团（PSA）以其尤具创新性和廉价的汽车引起了世人的关注，雪铁龙（Citroen）C3 Pluriel成为青年客户中新的流行车型，因为它可用作皮卡、跑车和轿车。通过设计，雪铁龙重拾传说中的2CV传统，写入了20世纪后半叶的设计和生活方式的历史。如图4-96为雪铁龙C3 Pluriel。

在帕特里克·勒·克芒（Patrick Le Quément）的帮助下，雷诺（RENAULT）罗汉（Trafic）成功地为汽车文化设立了全新的标准，如图4-97所示。雷诺Twingo小房车就像一个优美的盒子，尤其吸引年轻的和女性的目标群体，如图4-98所示。此外，雷诺太空车（Espace）成为20世纪90年代欧洲货车的模范，如图4-99所示。而雷诺古贝（Avantime）、雷诺威赛帝（Vel Satis）和雷诺风景（Scénic）等也都是汽车的典范，它们富于表现力的形态重新定义了法国汽车设计的标准和规范，如图4-100所示。

图4-97 雷诺罗汉

图4-98 雷诺小房车

图4-100 雷诺风景

图4-99 雷诺太空车

图4-101 柳宗理设计的蝴蝶凳

（七）日本设计

一无资源、二缺市场的岛国——日本，经过战后的恢复和建设发展，如今已发展成为经济大国。日本早在20世纪20年代就制定了设计法规，发展设计教育，开始普及工业设计思想。战后，在日本工业设计师协会、日本工业设计促进会和日本设计基金会等组织以及广大设计院校、设计人员的努力下，日本的工业设计取得了长足的进步。现在，日本已经成为工业设计大国。

通常，我们把战后日本工业设计的发展分为四个时期。

其一，1950—1960年的"黎明期"：20世纪五六十年代，欧洲和美国工业设计运动的发展，使日本在战后已经意识到了工业设计的必要性，他们一方面派官员、企业家到欧美进行考察，另一方面邀请欧美的设计专家到日本讲学、座谈，传授工业设计思想，并请他们为政府部门制定"设计开路、技术立国"方针。这一时期日本的工业设计大多以美国生活方式为样本，进行设计、仿制抄袭，提倡功能主义。日本的工业设计此时还处于启蒙阶段，设计师到处宣传设计的重要性，呼吁社会和政府支持设计。

其二，1960—1973年的"商业化时期"：这个时期是石油危机的前期，此时日本经济高速发展，商品需要包装和美化，国内提倡豪华的装饰和外向展示性的花色、花样设计。

其三，1973—1984年的"理性主义时期"：石油危机提醒了能源缺乏的日本，资源是有限的，危机四伏、公害严重，促使人们追求理性。这个时期日本在"轻、薄、巧、小"的风格上增加节能、节油的特点，提出节能设计。

其四，1984年至今的"个性化、多样化时期"：随着经济大国的形成，产品水平的提高和电脑的普及，消费呈现个性化、多样化的态势。日本开始提倡个性化设计和绿色设计，设计定位与市场定位并行，并不断探索新设计的趋势。

回顾日本工业设计的发展，我们不难发现它是先从政府扶持、政策引导，再到企业集团重点抓设计和新产品的。政府采取多种措施加速日本的工业设计发展，如制定扶植设计的法规和组建协会，设立"G标志"奖等。

日本在"设计开路、技术立国"方针的指导下，产业经济的发展靠的不是资源，而主要靠市场信息。优良的设计和先进的技术把智力变成生产力，从节能、价廉、新颖着手开发了各种新产品，非常符合当代生产方式。从汽车、家用电器、照相机和钟表等方面击败了美国和欧洲，占领了世界市场，并形成了独特的日本设计风格。

（1）"轻、薄、巧、小"的设计风格。作为一个自然资源相对贫乏、面积狭小的岛国，日本的设计呈现出小型化、多功能、讲究细节的面貌，这些特点不管是在交通工具上，还是消费类电子产品上都有所体现。索尼的随身听就是典型的代表，设计风格简练紧凑，细节的处理相当精致。体积小、重量轻的产品必然节约材料，加上处处节能，很有特色，形成了日本设计的主要风格。

（2）重视"消费研究"和"使用操作研究"，不断追求实用方便、功能完美。如电饭锅有自动控制、自动显示、定时加热、保温等良好功能。但由于操作显示部分位于锅的周围，不太方便，新的产品已经改在锅的顶部。并且，设计师还针对不同国家、年龄、性别、职业、爱好及使用环境的目标市场的需要，实行定向设计并使产品系列化。

（3）"双轨制"下传统与现代的平衡。在吸收外来文化的同时，日本工业设计在处理传统与现代的关系上也值得我们借鉴。在服装、家具、室内设计、手工艺品等领域内，继承了传统的朴素、清雅、自然的风格；对于一些全新的高

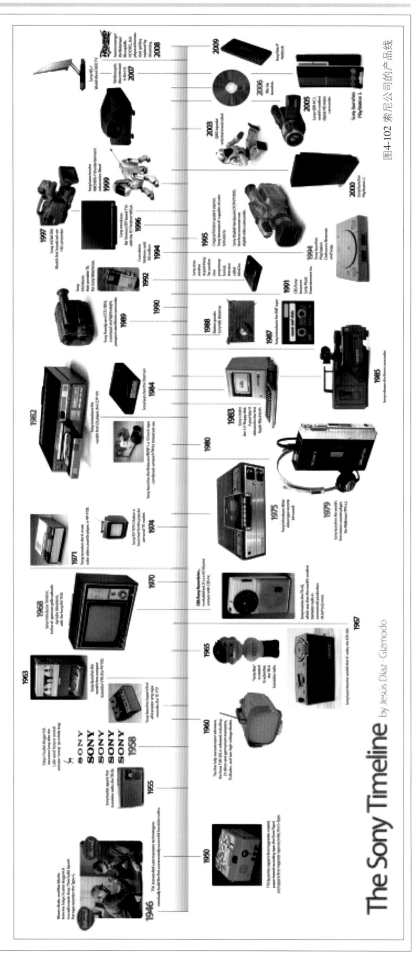

图4-102 索尼公司的产品线

图4-103 无印良品（MUJI）的产品

图4-105 2009年CES展中三星部分产品

图4-104 索尼公司的产品

科技产品，则按照新技术、新材料的特点，结合目标消费群的需求展开设计，形成了小型化、多功能、讲究细节的风貌，如图4-101～图1-104所示。

正是依靠工业设计的威力，日本的松下、日立（Hitachi）、索尼、尼康（Nikon）、东芝（Toshiba）、精工（Seiko）、铃木（Suzuki）等公司成为今天世界市场上最先进的家用电器、影视设备、钟表、摄影器材、摩托车等高档消费品的生产基地，原因之一就是高度重视产品的开发和设计。

（八）韩国设计

韩国只有不足10万平方千米的土地，却有近4000万的人口，资源短缺，过去只能依靠加工出口，面临着国际贸易竞争的重重困难和世界性资源短缺及经济危机。20世纪60年代，韩国是亚洲继日本之后最早推进设计进程的国家。由于极大地发挥了工业设计的作用，韩国的经济得到了飞速发展。正当世界经济处于低速发展时，韩国的经济却取得了令世界各国瞩目的进展。

其实，如果算上典型的韩国产品设计，韩国的设计史几乎可以追溯到一个世纪以前。韩国早期的手工产品便传达出了极高的使用性和美学愉悦的哲学，如现代包装设计的稻草编织的鸡蛋容器、分割房间的纸隔板等。大多数学者都以20世纪60年代为界，将韩国的现代工业设计大致分为"萌芽"和"发展"两个时期。

1960年以前的工业设计处于萌芽时期。那时，生产和广告领域虽然对设计也有要求，但实际上仍属纯粹美术领域的设计。这个时期，设计观念认识比较混乱，这几乎是世界各国在工业设计发展过程中普遍存在的现象。韩国工业设计与日本不同，不是先从产业开始的，而是先从教育开始的。1945年，汉城大学和美术大学设立应用美术系，梨花女子大学、弘益大学设立图案系。学校教育首先强调：传统工艺应该和现代生产相结合，对于传统要重新进行现代的认识。这个时期，韩国的"传统工艺主义"类型和"只求新式的"类型都继承了即将泯灭的传统工艺技术，但并没有把传统工艺的特性应用到现代产业之中。无论从机能性看，还是从艺术性方面看，这一时期都只是个萌芽期。例如：50年代前期，"金星"电子公司（现在也叫LG）率先成立工业设计部门，对生产的收音机、电扇的外形进行了专门的设计。但是，这些设计始终处在美术产品（其后为应用美术）的阶段。

到了20世纪60年代，韩国执行发展经济的五年计划，带来了经济的增长、出口的扩大，为了适应这种发展的需要，对设计的民族性、社会性的认识逐步上升到了一个新的高度，即由工艺概念发展为设计概念。60年代初期，继金星、三星公司成立设计部门后，其他企业也相继成立类似的部门，工业界开始认识到工业设计的重要性。尽管当时这些企业都在仿制国外的产品，但都在为设计有自己特点的商品而努力。因此，在这一时期设计活动十分活跃。

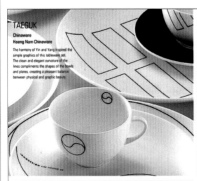

图4-106 Dadam设计公司的作品

图4-107 INNO设计公司的设计作品

图4-108 MOTO设计公司的设计作品

1965年韩国议会根据汉城国立大学应用美术部的教授们的提议，通过了成立韩国工艺设计研究中心的决议。1970年，根据韩国政府的"扩大出口振兴会议"决定，改名成立了"韩国设计中心"，旨在进行设计研究，开发和振兴出口业务，并为产业和设计师之间的沟通牵线搭桥，使韩国的工业设计逐步走上正轨。

20世纪70年代之后，无论在教育方面还是在实际生产方面，韩国的工业设计都取得了很大的进展。一般企业与设计师开始进行实质性的多方协作，不同设计领域的专业化倾向十分显著。设计人员成立了不同领域的组织、协会和专业的个人设计事务所，促进了企业和制造业的发展。后来"中心"又与韩国出口包装中心、韩国包装协会等同类组织合并为"韩国设计包装中心"。韩国设计包装中心对提高整个设计，特别是工业设计的质量发挥了重要的作用。每年举办展览会、研讨会和研究发展以及从事设计改良等活动，于1971年由工业设计人员组织成立了韩国工业设计协会，同时还设置了设计包装部门来处理有关问题，并派设计师参加国际会议。尤其是1973年在东京举行的ICSID会上，该中心被接受为会员，激励了韩国工业设计的发展。

韩国将设计看成是一种激发创造力的手段，几乎韩国所有的公司都有自身的设计部门，其任务在于跟随各自市场（亚洲、美洲和欧洲）的潮流和发展，并实施新的产品概念。如三星公司目前雇有大约500名设计师，并且和国际的设计公司（如Design Continuum、Fitch、Frog Design、IDEO和Porsche设计）进行合作，如图4-105为2009年CES展中三星的部分产品。

在汽车工业上，现代（HYUNDAI）、起亚（KIA）和大宇（DAEWOO）是韩国著名的企业，它们的产品范围广泛。而韩泰（HANKOOK）汽车轮胎设计体现了消费者对轮胎外形的兴趣，企业高度市场化的设计产品可以体现公司的技术实力。

目前，韩国有超过2万名设计师和大量的工业设计公司，如Clip设计、Eye's设计、Creation & Creation、Dadam设计、INNO设计、Jupiter计划、MOTO设计、M.I.设计等，如图4-106～图4-108所示。

（九）俄罗斯设计

苏联的设计起源可以追溯到20世纪早期的俄罗斯先锋运动。在这个时期，马列维奇和塔特林发展新现实主义绘画。他们的对形状、颜色、平面等的基础研究间接地为后来的基础课程打下了基础。如今我们仍然可以在塔特林的作品中看到自然和技术的总和。他为第三国际设计的纪念塔（1919—1920年于莫斯科设计）被认为是俄罗斯艺术革命的标志性作品，同样也是20世纪现代主义的图标。同时，塔特林也设计了服

图4-109 拉达车

装、餐具、炉具及其他很多物品，并在高等应用艺术学校授课，其遵循的教育原则类似于德国魏玛的包豪斯。塔特林坚信自由艺术应该为技术对象的实用设计提供模型，并尝试去建立设计的标准法则。

在这一时期，国家瓷器工厂出品的很多产品与苏联政府的宣传效应有直接的联系：盘子上有镰刀和锤子的图案，以及"科学必须服务人民"、"人不能不劳而获"这些类似的口号。很多的纺织品也表现出了新社会主义的号召；建筑也是如此，并将自己定位成为革命服务。

工业设计原则第一次被应用到制造上是在20世纪30年代。设计师的工作领域有火车头、汽车、电话装置、设施以及莫斯科的地铁建筑项目。在20世纪40—50年代之间，在工厂、设计办事处和研究学院形成了很多设计小组。他们工作在航空建筑、汽车制造、轮船修建和机器工具生产等领域。

20世纪60年代苏联发展工业设计最初目的是形成完整的系统，与长期的传统实现联系。按照苏联部长委员会的决定，一个基于科学方法论、符合制造工业的统一系统被建立。之后，全联盟技术美学研究协会在莫斯科成立，它和地方的10个分支一起，指导着纯研究工作和相应的制造活动。

尤里·索洛维约夫（Yuri Soloviev）是苏维埃设计师团体的主席，ICISD执行会议的一员。他致力于提升"国民设计"，其结果是可以在最初的设计中看到。基础的人类环境改造学研究和工业生产条件之间的紧密关系，导致了严格的功能主义设计，这一现象在很多社会主义国家中十分典型。其目标不是为消费生产商品，而是为工作的人群创造满意的条件。这样，设计的人文主义目标便陷入了短处，产品的社会用途伴随着个人兴趣出现了。

20世纪80年代早期，苏联的设计已经成熟。在之前的发展阶段中，它在解决历史难题过程中已经积累了理论、方法学和实用的经验。这一点可以从产品过剩中看出，例如机器的整体特征已经被引进的微电子技术所改变。如欧卡（Oka）汽车类似于意大利菲亚特的熊猫（Panda），光学设备仿效哈苏和Roller，Phobos磁带录音机则是模仿飞利浦的产品。

后来，随着苏联的解体，新独立的波罗的海国家与斯堪的纳维亚的传统纽带开始复活，并开始培养自己的设计活动。但是宏观经济的重建带来了设计政策的极大不连续性，相互经济援助委员会在1991年的解散带来了全新的贸易结构，这将俄罗斯的设计直接推向了真正的市场竞争环境。

在意大利菲亚特的帮助下，20世纪70年代一个汽车生产厂在伏尔加陶丽亚蒂建立，其获得国际成功的拉达·尼瓦（Lada Niva）直到今天还在生产，它体现了第二次世界大战后俄罗斯设计实用、功能主义的特征。拉达车或多或少是目前深受欢迎、各汽车制造商争相推出的SUV的先驱，如图4-109所示。

（十）中国设计

我国直到20世纪还保持着与世界经济体系的隔绝。只有少数企业才生产源自国外的产品，而且基本上都是仿制，如仿造英国Raleigh1903年的自行车、美国胜家（Singer）风格的缝纫机、美国设计的钢笔。而且其中有些产品直到20世纪80年代还基本没有发生变化，因为我国大量人口对基本产品的需求绝对优先于设计上的革新和创新要求。此外，当时计划经济体制下的制造业几乎不存在竞争。

1949年中华人民共和国成立后，我国发起了大量旨在建立重工业（冶铁和炼钢）、运输系统和工程的项目。这个时期我国经济和制造业发展中的援助大多来自苏联，同时也带来了产品文化模式。20世纪50年代的计划经济包括了所有日用品的集中生产，当时甚至没有"设计"这个词汇；取代计划产品中创造性工作的是"实用美术"甚至是"手工艺"。

在王受之对中国工业设计发展的详细分析中，中国的现代化进程重点集中在四个领域：农业、工业、科学和国防。不过这些对于工业设计的发展几乎没有起到什么作用。系统的设计行为直到1979年中国工业艺术协会，后改为"中国工业设计协会"的成立才出现。20世纪80年代，我国相继成立了超过20家设计培训机构，国际设计专家被邀请到中国，并开始交换学生。最早的独立设计机构在20世纪80年代中期出现，这时设计被认为是国内和国际竞争的工具。很多在家居用品、摩托车、家具和电子产品领域的企业成立了自己的设计部门。

20世纪80年代，我国正处于由计划经济向市场经济的转型时期，改革开放使大陆经济开始快速发展，同时也给企业带来了更大的经济压力。单一的卖方市场开始向买方市场转变，人们的消费水平和消费结构也发生了巨大的变化，传统的经济模式、经营机制、企业结构与市场机制的要求产生了矛盾，在商品生产、开发过程中也暴露出诸多问题。在这种情况下，工业设计开始被引入，这是我国工业设计的萌芽期。

中国工业设计的萌芽期也开始说是"拿来期"，我国开始从亚洲、欧洲和美国大量进口电子产品以加速经济的发展，其结果之一是整个国家充斥着与传统语境极其不符的产品文化模型。在这个阶段，国内企业的自主设计和开发基本处于盲区，企业刚刚接触工业设计的概念，还不能运用自如。这时，中国大量引进国外生产线，还没有真正意义上的工业设计产品。

中国工业设计协会在1987年成立后便成为国家推动设计的主要机构，由电子产品、家具、玻璃制品、瓷器、医疗产品和展示设计等10个部分组成。协会的工作重点在于分别对各自领域的工业设计发展进行管理和支持，同时与设计院校保持联系，组织展览和出版，目的在于在国家层面上提升设计。此后，全国25个省市陆续成立工业设计促进会（协会），通过宣传、竞赛、评奖、展示等活动普及工业设计，通过留学、进修、访问、考察、培训等不断培养工业设计骨干力量，还请国外专家、学者来讲学，这些活动对推进我国工业设计的发展起到了重要作用。

1979年，国家教育部决定将工业设计列为试办专业，一些大专院校如无锡轻工学院（现江南大学）、中央工艺美术学院（现清华大学美术学院）、湖南大学等开办了工业设计专业。在这些工业设计先驱的努力下，随着经济的发展，人们生活水平的提高，我国工业设计在20世纪80年代末90年代初进入模仿期。在模仿期，企业开始有了自主进行市场开发的需求，设计被企业提到议事日程。但这一时期，企业对工业设计的认识仅仅停留在外观美化阶段，主要进行一些模仿设计，国内市场上商品品种开始增多，质量也在提高，企业开始尝到优秀设计的好处。这时，沿海一些地方出现一个新的职业——自由设计师。

此外，20世纪90年代，国外企业纷纷开始在中国设立分支机构。目标有二：一是降低劳动力成本；二则是为将来做准备，因为中国超过10亿的人口将是21世纪最有潜力的市场。在这个过程中，中国很快就成为世界工厂。这些企业有佳能、通用汽车、日立、Jeep、柯达、NEC、标致（PEUGEOT）、索尼、丰田（TOYOTA）、雅马哈（YAMAHA）和德国大众（VOLKSWAGEN）等。

20世纪90年代末，第一家意识到企业形象的重要性并对工业设计有了足够认识的企业是青岛海尔（HAIER）。自1989年成立后，海尔集团已经成为一家运作于国内和海外的公司。它在中国以外同时有8家设计中心和13个工厂在运行。

事实上，海尔已经是世界第二大冰箱制造商，除了出口到美国外，它还在那里生产。海尔的惊人成就经常被用来与20世纪50年代的索尼和20世纪80年代的三星进行比较。此外，联想（LENOVO）也是国内工业设计发展较为迅速的企业，设计在这家公司的成功中扮演着战略意义的角色。近年来，华为、美的、TCL等国内公司和品牌的崛起也无一不是借助设计的力量。

进入21世纪后，越来越多的中国企业开始借助工业设计的方法和手段将自身品牌培养成全球性品牌；同时，也有越来越多的国外企业和设计机构进入中国市场，如NOKIA、Motorola、VOLKSWAGEN、PEUGEOT等国外知名品牌以及IDEO、FROG、CONTINUUM等国外优秀的工业设计公司纷纷在中国开设设计事务所或设立办事机构。之所以出现这样的现象，首先是因为我国城市化的逐步推进、建筑空间的剧增以及中产阶级的快速成长促使设计需求逐渐显现，而且频繁的国际交流又使得我们可以接触到国外许多优秀的设计；其次，政府致力于拉动内需、进一步培植国内市场以及为摆脱对廉价劳动力和出口的依赖而制定的经济政策，对工业设计产业的发展也将形成强有力的刺激；最关键的是，正如明代我国经济、科技及社会的快速发展和繁荣催生了著名的明式家具设计一样，在2008年已经跃升为全球第二经济体的中国无疑正在翘首以待一场盛大的设计革命的爆发。

随着2008年北京奥运会和2010年上海世博会的召开，中国文化和中国形象再次成为全球经济的热点，人们亟待重新认识中华古老文明更为现代的一面。代表着中国风格和中国文化形象的中国设计自然也就无数次走上世界的舞台，并绽放光彩，如洛可可设计集团在伦敦成立设计公司。此外，"神舟九号"宇宙飞船中的操纵棒、宇航服、航天表等都是由我国设计师自主设计完成，如图4-110所示。这些都无不表明：中国设计已经成为一股不容小视的设计力量。

毫无疑问，中国将是21世纪最具设计潜力的国家。

图4-110 深圳飞亚达公司设计的神舟七号舱外航天服表

第五章 工业设计方法：从需求开始

图5-1 产品规格及功能要求

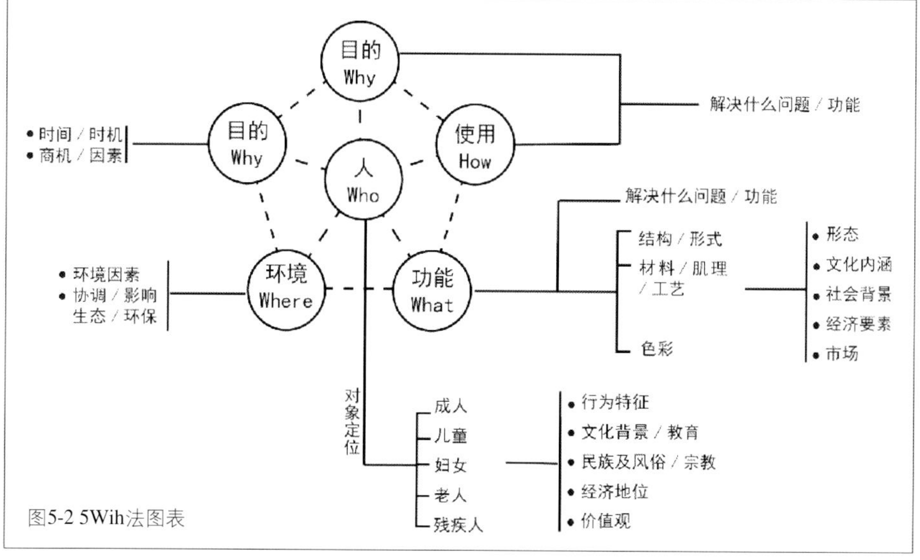

图5-2 5Wih法图表

一、从一个案例说起……

随着现代科技的日益发达，产品开发与设计的过程越来越成为一种多部门参与、多学科交叉的活动。工业设计作为产品开发过程中的一个环节，需要不同部门的配合与协作，否则就很难完成日益复杂的设计任务。同时，在产品开发流程的不同阶段往往需要不同的设计方法和技能。而且，设计是一项系统工程，想要设计出优秀的产品，就一定要掌握合理的设计程序和设计方法，并灵活运用。

所谓程序，指开展某项工作或实施某项工程的步骤和阶段。设计方法，简而言之就是解决设计问题的方法。主要包括计划、调查、分析、构想、表达、评价等各个阶段所采用的各种具体方法。

下面以荷兰GRO Design公司设计的Scoot电动车为例说明工业设计的程序以及设计过程中常用的设计方法（GRO Design，scoot electric scooter. http://www.grodesign.com/index.php/portfolio/scoot-electric-scooter/）。

首先，在开展设计工作之前，我们需要明确设计目标和设计内容，即明确设计工作开展的限制条件，如产品功能、成本、使用场景以及目标用户等，并通过上述约束条件构筑设计工作的"空间"。如图5-1为产品规格及功能要求。

通常，我们可以借助"5W1H法"或"故事板"等形式来明确设计任务及设计对象。

在设计的过程中，设计师的思维和观念决定了设计构想和概念的提出与确定，而概念的确定决定了设计的形体和结构的处理。因此，设计师对设计问题的定义决定了设计构思和概念。具体地说，就是要提出"解决什么问题"、"怎么来解决"、"要满足什么功能"等问题，然后再对上述问题逐一分析并解答，如图5-2所示，即明确下述问题。

（1）Who：与该产品相关的人物，产品的对象定位。侧重研究使用人群的特征及其设计需求。

图5-3 手机设计中的故事漫画

（2）When：产品的使用时间，与Where因素一起构成产品的使用情境。也包括产品投放市场和销售的时间等因素。

（3）Where：除了产品具体的物理环境以外，还应该包括产品的政治、经济、技术、社会等宏观环境。

（4）What：产品的种类和类型决定了产品的DNA，并进一步决定产品的形态、色彩、材质等具体的设计元素，即说明"产品是什么"，这一因素在当前强调产品PI（Product Identity）的设计环境中尤为重要。

（5）Why：产品的目的，即"产品的功能是什么"。

（6）How：产品通过什么样的方式去解决上述问题和功能需求以及产品的使用方式等问题。

或者，我们可以进一步将上述5W1H共计六个因素归纳为"人"、"物"、"环境"和"活动"四个因素，并利用人类的言语表达能力即讲故事的能力以及想象力，将设计师和相关人员带入使用产品的具体的故事情境中。通过具体的故事情境，设计可以充分体验故事中各个不同角色的感受，并将与产品设计相关的信息吸收与消化。这便是剧本导引法，即"通过观察—说故事—写剧本—显现情景—设计体验—沟通传达"的产品设计方法。这是一种显现产品使用情景、明确设计要求的有效方法，其结果可以简化为常见的"故事板"，如图5-3所示。

其次，在明确设计任务和设计目标后，我们应根据设计要求对设计对象及相关设计要素进行分析研究，并完成设计定位。研究内容既包括前文所述的经济、技术、文化、社会等宏观的产品使用环境，也包括微观的产品使用环境和产品相关人群等要素，当然还包括功能、结构、构造、形态、色彩、材

质以及原理等产品相关要素。通过上述研究，一方面深入了解设计对象的历史、现状和发展趋势，以进一步明确设计工作的约束条件；另一方面寻找在"设计空间"内进行创新设计的可能性，为下一步的设计创意寻找突破口和着手点，如图5-4和图5-5所示。

图5-4 对市场上现有产品进行分析研究

图5-5 对产品的潜在需求进行研究

在这个过程中，我们既可以使用缺点（希望点）列举法、KJ法、属性列举法等方法，就产品及其在使用过程中所存在的问题与不足进行分析，也可以利用行为聚焦、生活形态研究等方法对产品使用者的情况进行分析，还可以运用SET分析法等对产品的宏观使用环境进行研究，或者运用感性工学、文化人类学等研究方法就产品与人之间的关系进行分析，或者利用流程图法（Flow Chart）对产品设计的相关要素进行系统的研究。然后，进一步使用产品形象分析图，寻找设计定位和现有产品市场所存在的缺口。上述研究方法的目的都是寻找和发现设计的切入点和突破口。此处限于篇幅就不再对上述设计方法一一进行具体的介绍。

再次，根据设计定位和设计要求提出创意方案并逐步完善。在这个步骤中，我们通常需要借助手绘、模型、计算机辅助设计软件（如PhotoShop、CorelDRAW、Illustrator、AutoCAD、Rhino、Alias等）表达我们的设计方案，如图5-6～图5-12所示。

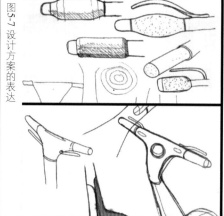
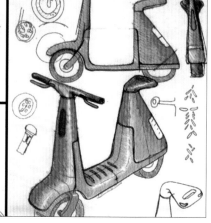

图5-6 借助头脑风暴法等方法提出创意方案

图5-7 设计方案的表达

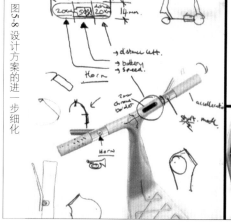
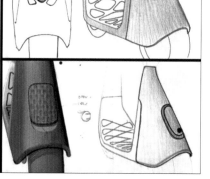

图5-8 设计方案的进一步细化

图5-10 利用3D辅助设计软件对设计方案进行研究

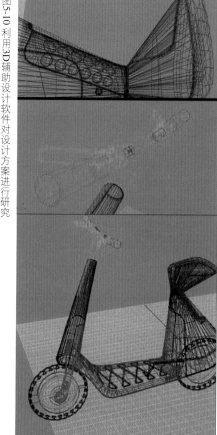

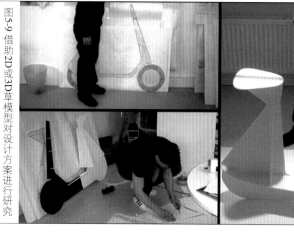

图5-9 借助2D或3D草模型对设计方案进行研究

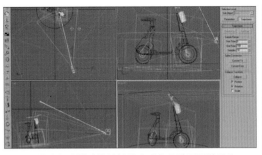

图5-11 通过电脑辅助设计软件完成方案效果图的渲染

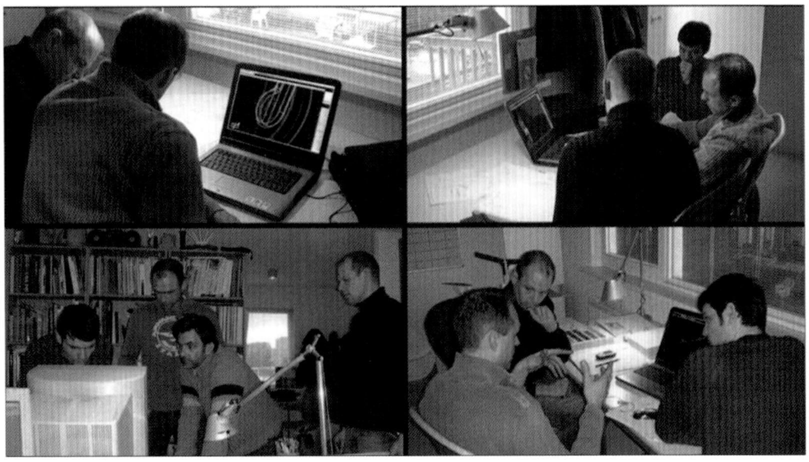

图5-12 与其他设计人员（如材质工艺等）研究设计方案

图5-13 高桥的矩阵图表

	Volume 量	Place 空间	Time 时间
Increase 增加　Decrease 减少	Bigger 大些 Heavier 重些 ╱ Smaller 小些 Lighter 轻些	Expand 扩大 ╱ Segment 分割	Longer 长些 Fast 快 ╱ Shorter 短些 Slow 慢
Diverse 扩散　Integrated 整合	Split 分割 ╱ Combine 结合	Separate 分离 ╱ Unified 统一的	Discontinuous 不连续的 Sequential 顺序的 ╱ Continuous 连续的 Concurrent 并行的
Transform 转变　Transfer 转换	Abstract 抽象 Rounded 圆边 ╱ Concrete 具体 Edged 角边	Formal 正式的 ╱ Informal 非正式的	All at once 同时 Forward 前进 ╱ Separate 分开 Reverse 后退

　　我们通过对产品相关设计要素的分析研究寻找到设计创意的着手点和切入点后，就应该进一步探索针对上述设计要素提出新方案的可能性。在这个阶段，我们通常可以运用头脑风暴法、样本资料法、强制联系法、衍生矩阵法等方法提出新的方案与创意，如图5-13所示。

　　完成方案的创意设计及表达后，应及时与工程人员进行沟通，并修改和完善设计方案。其重点是对设计方案可行性的研究，如材料的选择、表面工艺处理、零部件的处理、色彩设计以及结构设计等，如图5-14～图5-20所示。最后，完成设计方案的表达，如图5-21、图5-22所示。

图5-14 CAD/CAM专家对设计方案进行研究，以确保生产的可行性

图5-15 利用快速成型技术制作模型

图5-16 利用CAM对设计方案进行修正

图5-17 对设计方案的零部件进行调整和试安装

图5-18 其他零部件模型的制作

图5-19 材质及工艺研究人员对模型的色彩及工艺等进行研究

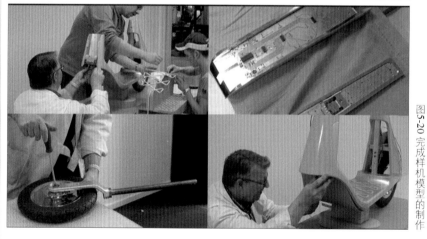

图5-20 完成样机模型的制作

图5-21 搭建产品摄影所需场景

图5-22 产品宣传图片的拍摄

图5-23 设计过程的五个阶段模型示意

在上述案例中我们不难发现，工业设计的过程其实就是一个"发现问题—分析问题—解决问题"的过程。不过，需要注意的是，很多时候所谓的"问题"并不是显现出来的，而是某种潜在的需求。也因此，工业设计的过程其实可以理解为就是一个"发现需求—分析需求—满足需求"的过程。当然，在工业设计的过程中，我们还经常碰到设计表达的问题，即借助视觉化的手段将自己所提出的设计方案表达出来，并与相关人员（如设计小组的其他设计师、设计主管、客户、工程技术人员、产品消费者、产品使用者、售后服务人员等）进行交流和沟通。

因此，工业设计的程序其实就是一个"发现问题—需求分析—解决问题—满足需求—视觉化表达"的过程。当然，这个过程并非简单的线性过程。

二、工业设计程序的结构

"设计不只是产品的形状、色彩及尺寸。设计是决策的过程，它处理有关物品形式如何反映经济性与技术功能性的问题，并回应不同消费者的需求"。

由此可见，设计不只是某种风格或者某些概念，也不是一项孤立的活动，而是一种程序。设计将企业的潜能与消费者的需求连接起来，它位于创新的核心过程之中。

通常，我们对程序和过程的理解有两种：第一，过程包含在对设计任务的执行中，即如何应用设计师的技能处理问题并找出问题的解决方法；第二则是如何应用"设计过程"来描述产品开发的策略性计划，过度地偏向于任何一种看法都是极危险的，因为设计已经不再只是某一位设计师的个人行为，而是企业任何一个活动的支撑力量。所以，正确地理解设计程序的结构非常重要。

我们首先看看以任务为基础的设计程序。

设计是一种创造活动，设计师处理问题时经常用到的五个阶段的模型，如图5-23所示。

作为表示设计师处理特定问题的方式，重点在于设计师如何思考问题，所以通常又称为内在的创造过程。然而在现实设计活动中，我们很少碰到线性的创造过程。在任何阶段，新的信息及看法或者概念都可能要求设计师回到以前的阶段，修正定义、已知项、整体或局部设计。然而，这个模型并未考虑设计师创造过程的环境。工业设计师可能在组织内工作或者为组织工作，问题的产生来自组织或组织的环境。设计师努力的结果将会由组织的其他部门接手，做进一步的发展。新产品或新企业识别标志的推出，将对组织的环境造成影响，产生新的设计问题。因此，我们必须要有能够表示这个更为广泛的过程的模型，它把设计活动定位在管理系统及其运作环境中。

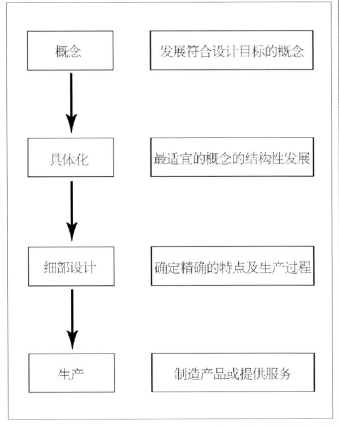

图5-24 设计过程的四个阶段模型示意

图5-25 设计的整体过程示意

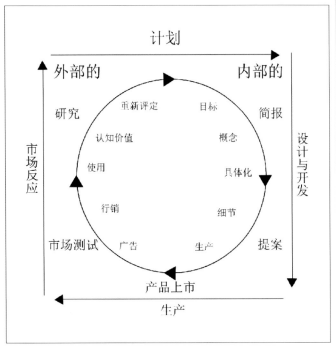

当然，就像我们能从不同的角度得到许多完全不同的设计定义一样，关于上述设计程序的模型有很多种，但如果摒弃设计程序不同阶段的用词和关注点的差异，其实我们不难看出，设计大致包括四个阶段，如图5-24所示。此处，我们称之为"设计的外部生产过程"，因为其重点在于设计活动的最终产品。

在每个阶段中都设有一定的目标，建立计划程序，并执行各自的评价方法。概念阶段的输入部分是设计简报，它定义所要解决问题的本质。问题通常是从市场研究而来。生产阶段的产出部分是要能达到要求的产品或服务。产品或服务经行销及广告其表现经过评估，以进一步的市场研究为基础，又设定新的或经修正的简报。然后，根据这样的观点，设计过程是产品创新与开发全过程中的一部分，如图5-25所示。

而后，人们又提出了"全方位设计"的概念，其所定义的设计过程则更为广泛和全面。他们认为，设计过程的定义必须包含"市场拉力"及"技术推力"等内容，强调设计的多重专业及反复进行的本质，解释其目的在于生产产品或服务，并超越生产制造，而包含如产品废弃处理等议题。它将市场研究、行销策略、工程设计、产品设计、生产计划、销售及环境控制等整合成为一个循环的模式。

其实上述"设计的整体过程"和"全方位设计"两者是一致的。两者都将设计视为对内是应用新技术及开发产品概念，对外则是满足市场及环境的需求。两者也都是将设计视为反复循环的，由一个计划过程所引导着。两者唯一的差别在于：前者包含设计程序，"其一面是计划的设计程序，另一面则是生产的设计程序"，而后者则被称为"全方位设计"。此外，两者也都认为设计及创新是不同的。

而许多对设计的流行说法特别喜欢将设计与创新互换使用。其实，两者是有区别的，其误解往往来源于两者都是创造性的活动。创新与发明是对科技现状的推进，而设计则是创造变化以及新科技的应用。在创新的过程中，设计的角色如如图5-26所示。因此，设计过程与工程、市场研究及基础研究等有交叉的关系。也就是说，为满足市场需求而利用新科技来开发产品。

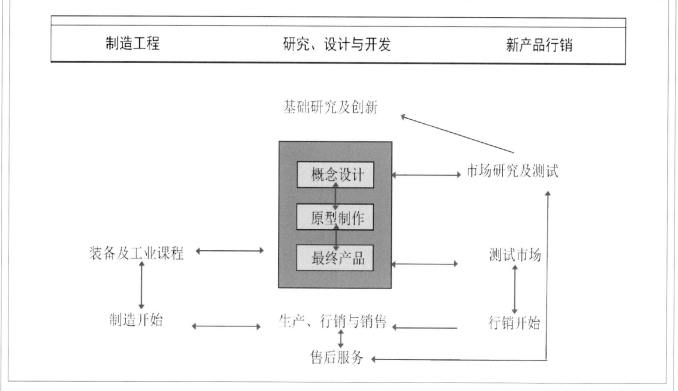

图5-26 技术创新的过程示意

第六章 工业设计学生作品赏析

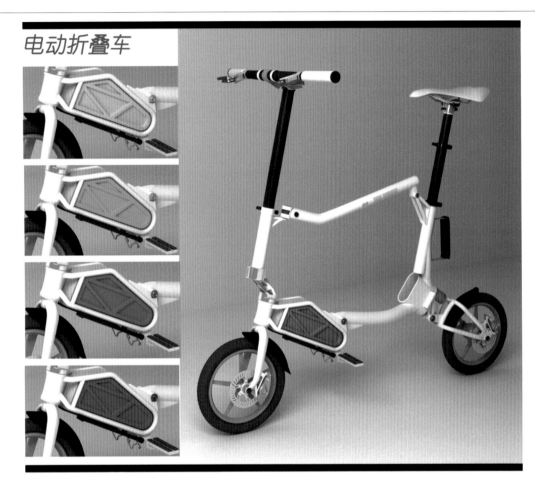

电动折叠车

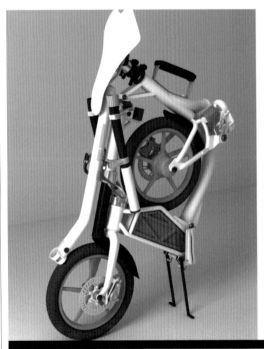

设计说明

　　这是一款小型电动折叠代步车设计。整车车架由金属管制成，营造出简洁、时尚的外形。由于车架采用"四连杆"结构，可进行折叠，折叠后的外形小巧、紧凑，车座下方带有锁死功能的提手，可一键锁定车身折叠状态。车把与车座管可根据使用要求进行高矮调节。电池盒上方的凹陷处可防止折叠后轮的摆动。后轮处安装了弹力胶，避震效果良好。前后蝶式刹车保证了安全性。电池盒颜色可更换，能够与车身进行多种色彩搭配。

1—锁死按键
2—折叠后将后轮收纳和固定于此位置
3—提手部位设有LED后尾灯

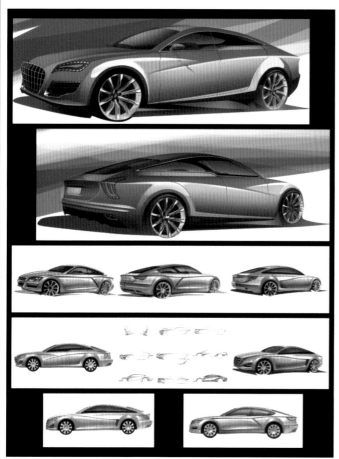

设计方案　　　　　　　　　　　　　　　　　　　　制作过程

汽车造型

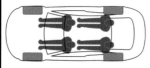

设计说明

　　这款汽车外观造型设计旨在传承和创新，设计特点是以曲线为主，曲线的元素贯穿整个车身。汽车侧面轮廓线型处理主要体现在两个方面：肩线采用的是两条交叉的曲线，主肩线贯通到车尾部分并逐渐上扬，给人以动感的视觉感受。

　　为了与肩线具有统一性，将后面的车窗下提高一些，使整个车身侧面造型显得更加统一。侧面两条肩线兼顾与车头、车尾造型线型衔接巧妙，前后车灯的造型也以曲线为主，实现了整车造型的统一性，给人带来运动、精致、豪华、不拘一格的视觉享受。

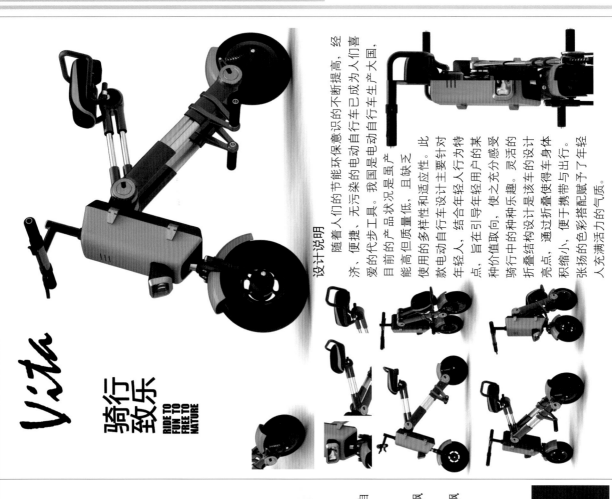

Vita 骑行致乐

RIDE TO
FUN TO
FREE TO
NATURE

设计说明

随着人们的节能环保意识的不断提高，经济、便捷、无污染的电动自行车已成为人们喜爱的代步工具。我国是电动自行车生产大国，目前的产品状况是虽产能高但质量低，且缺乏使用的多样性和适应性。此款电动自行车设计主要针对年轻人，结合年轻人行为特点，旨在引导年轻用户的某种价值取向，使之充分感受骑行中的种种乐趣。灵活的折叠结构设计是该车的设计亮点，通过折叠设计使得车身体积缩小，便于携带与出行。张扬的色彩搭配赋予了年轻人充满活力的气质。

纵横天地
势不可挡

设计说明

这是一款专为年轻女性设计的电动自行车。全外包塑件使整车造型完美统一，顺应了女性喜爱华丽、时尚的审美特征，也避免了女性在骑行过程中出现风吹裙飘的尴尬现象。车身整体颜色以浅色为主，局部配以鲜亮的颜色，给人一种轻盈、飘逸的感觉，越发衬托出女性曲线之美。

THE PURSUIT OF PERFECTION

嘤影 NIE YING

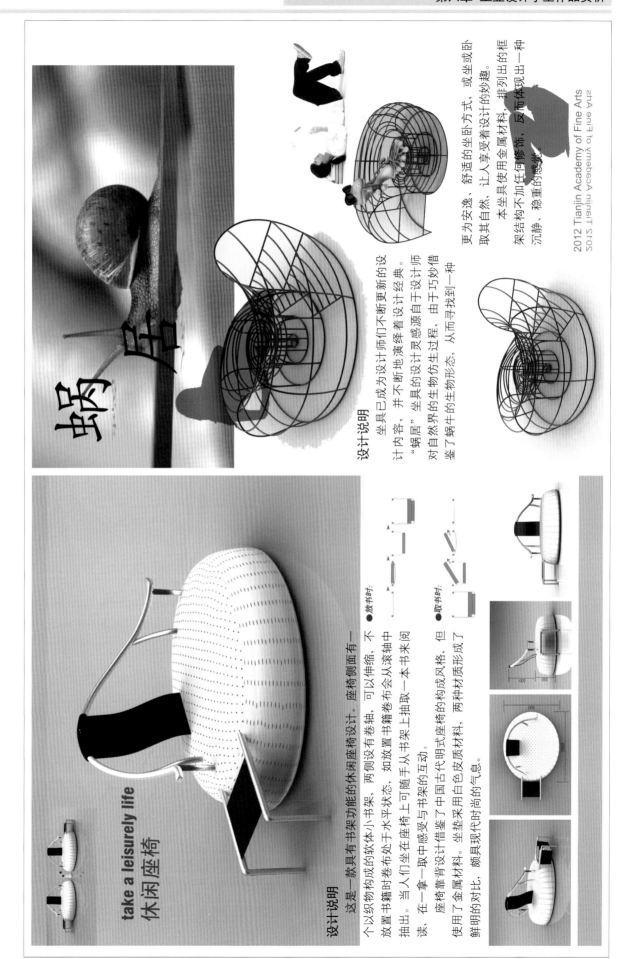

蜗居

设计说明

坐具已成为设计师们不断更新更新的设计内容，并不断地演绎着设计经典。

"蜗居"坐具的设计灵感源自于设计师对自然界的生物仿生过程，由于巧妙地借鉴了蜗牛的生物形态，从而寻找到一种更为安逸、舒适的坐卧方式，或坐或卧，取其自然，让人享受着设计的妙趣。

本坐具使用金属材料，排列出的框架结构不加任何修饰，反而体现出一种沉静、稳重的感觉。

2012 Tianjin Academy of Fine Arts
2012 天津美术学院

---

take a leisurely life
休闲座椅

设计说明

这是一款具有书架功能的休闲座椅设计。座椅侧面有一个以织物构成的软体书架，两侧设有卷轴，可以伸缩，不放置书籍时卷布处于水平状态，如放置书籍卷布会从滚轴中抽出。当人们坐在座椅上可随手从书架上抽取一本书来阅读，在一拿一取中感受与书架的互动。

座椅靠背设计借鉴了中国古代明式座椅的构成风格，但使用了金属材料。坐垫采用白色皮质材料，两种材质形成了鲜明的对比，颇具现代时尚的气息。

●放书时：

●取书时：

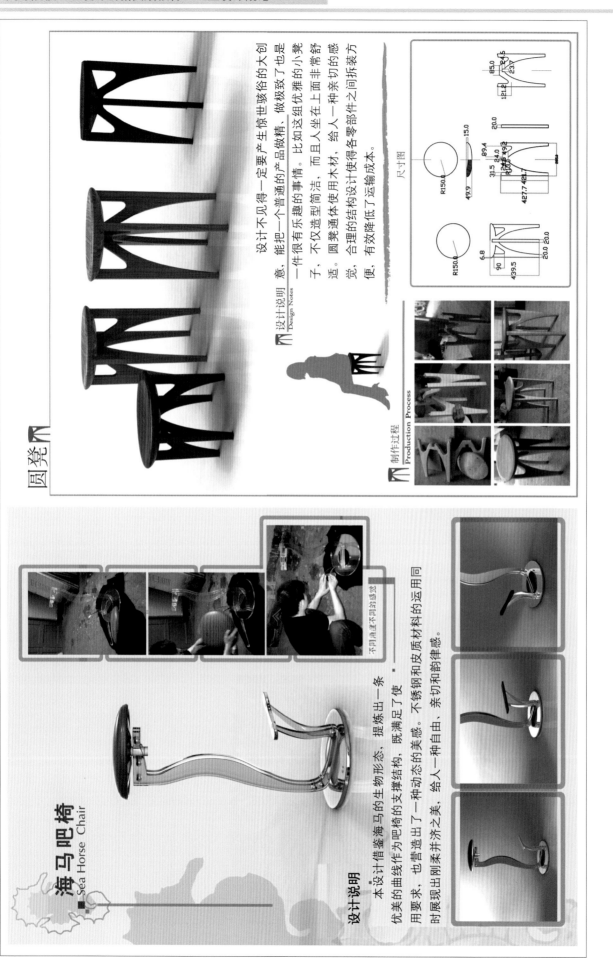

圆凳

设计说明 Design Notes

设计不见得一定要产生惊世骇俗的大创意，能把一个普通的产品做精，做极致了也是一件很有乐趣的事情。比如这组优雅的小凳子，不仅造型简洁，而且人坐在上面非常舒适。圆凳通体使用木材，给人一种亲切的感觉。合理的结构设计使得各零部件之间拆装方便，有效降低了运输成本。

制作过程 Production Process

尺寸图

海马吧椅
Sea Horse Chair

设计说明

本设计借鉴海马的生物形态，提炼出一条优美的曲线作为吧椅的支撑结构，既满足了使用要求，也营造出了一种动态的美感。不锈钢和皮质材料的运用同时展现出刚柔并济之美，给人一种自由、亲切和韵律感。

不同角度不同的感觉

卡板椅
BOARD CHAIR

设计说明

本设计材料选用天然橡木，并保留橡木的原色，在如今大工业生产弥漫的现代家居中留有一点自然的色彩。本设计具有可拆卸，可DIY的设计特点，在80后家庭中，家庭成员更乐于自己

动手组装与拆卸，体会更多的生活乐趣。除此之外，因其可拆卸的特点，在实际生活使用中便于搬运与收纳，从而可以更好地节省家居空间，让年轻人喜爱经常变换室内布局的心理得到了满足。

此款座椅主要针对80后年轻家庭，可以摆放在书房或卧室，靠背后面可以挂衣物、毛巾等物品。下面的收纳盒可以360度旋转，方便随手存储书籍、工具、日常用品等。

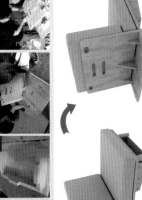

插板椅
BOARD CHAIR

设计说明

由于板式家具有成本低、易加工、拆装方便、组合灵活、功能多样的特点，因此，广受人们喜爱。此款插板椅采

用实木拼接板插接而成，合理的插接结构既有利于批量化生产，也满足了使用功能要求。由于拆解方便，可以随意调整安放地点，满足了人们求变的心理。坐面下的小收纳箱可以抽拉移动，能够很方便地存取一些书刊、杂物等日常生活小用品。原木本色配以松松的坐垫，给人以回归自然的感觉。

明韵沙发

设计说明

该沙发造型设计从形式上借鉴中国传统明式家具及现代家具的设计元素，既具传统特色又不失现代感。使传统与现代的表现形式完美融合，相得益彰。坐垫下面留有较大的储物空间，可以有效地节约室内空间。

曲木沙发

设计说明

曲木沙发的坐垫与靠背采用模块化设计，以六块U形曲木为沙发骨架，通过标准连接件连接成型、拆装、组合、运输都极为方便。木质材料与粗纹布料的组合给人亲近、自然的感觉，时尚休闲得青春洋溢，灰色与粉色的搭配结合显得青春洋溢，却又不失端庄与稳重。

轮回

FURNITURE DESIGN
retreaded tyre

家具设计

设计说明

此方案是对废旧物品的再利用设计。废旧产品是指报废或者已经不适合使用的产品。随着市场与经济的发展，产品的更新换代速度越来越快，产生的废旧产品的种类也越来越多，对废旧产品的剩余价值进行二次开发，已经成为一种设计趋势。

此方案选用了废旧的轮胎与不锈钢材料进行组合，不锈钢的细腻与轮胎的粗犷、黑与白的色彩对比，新颖的造型形式等设计元素，都给人以非常强烈的心理感受和视觉冲击力。

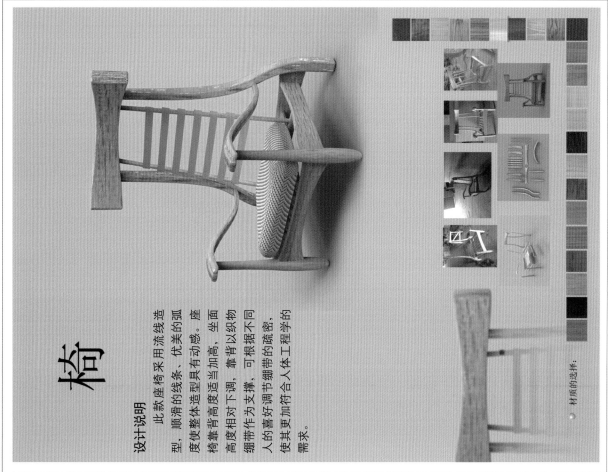

椅

设计说明

此款座椅采用流线造型，顺滑的线条、优美的弧度使整体造型具有动感。座椅靠背高度适当加高，坐面高度相对下调，靠背以织物绷带作为支撑，可根据不同的喜好调节绷带的疏密，使其更加符合人体工程学的需求。

◇ 材质的选择:

轮椅新风尚

WHEELCHAIR NEW FASHION

设计说明

（1）改变造型：改变轮椅传统造型给人的冰冷感觉，减少轮椅给人以病态的感受，减轻使用者的心理压抑。

（2）手动轮椅：轮椅传动方式为链条式传动，根据大小齿轮的功用原理减轻前进的阻力。

（3）双排前轮：对轮椅有所了解的人都知道，普通手动轮椅的前轮为单排为主。单排轮在轮椅行进速度超过1.2m/s的时候，前轮通常会出现甩轮现象。双排轮则能减少甩轮现象，提高在一定速度内的舒适度。

（4）安全警示：前后各增加了夜间出行的安全反光板，位于底座的底部设有照明灯，既不会直射视线，又可以起到照明作用。

Casual Cupboard

随性的小桌柜

设计说明

由于受室内空间条件的限制，设计师在家具产品设计过程中既要注重产品与环境的协调关系，同时在产品功能多样性的方面也要进行深入的思考。这套家具集成实木板，便于批量生产，表面做透明涂饰以保持材料本身的原色，自然的感觉温馨、自然的感受。每个箱体的两侧各有一个镂空的把手，可方便调动变换位置。家具兼具收纳与坐具的功能，可嵌套在一起，使用者可根据自己的意愿进行摆放和使用。

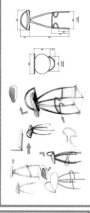

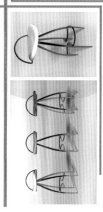

时尚吧椅

● 模型制作

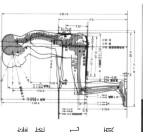
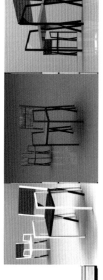

设计说明

这是一款以简约时尚为主题的吧台椅设计。整体形态形简洁美，椅腿的高脚让人以无法抗拒的曲线美，独特的高脚造型给人以感觉非常放松，圆形的椅座，弯曲半圆形的矮靠背兼顾了实用和装饰性，色彩变换满足了年轻人张扬的个性的多变的追求，给人一种潮流时尚，富有个性的感觉。

天津市工业品外观创意设计大赛

缤纷 ——源自蒙德·蒙德里安

设计说明

这款座椅设计灵感来源于蒙德里安一幅绘画作品，座椅借鉴了绘画作品中的几何构图与色彩搭配形式，以此为设计元素，给人以新的视觉感受。

座椅骨架采用现代主义设计风格，座椅骨架采用金属管材焊接而成，由于采用了直线构成的几何形状，构成形式极具节奏感，同时使得成本低廉，易于生产。

座椅色彩搭配变换丰富，局部色彩虽跳跃、灵动，但整体感觉颇为和谐，为现代家居生活环境增加了新亮点。

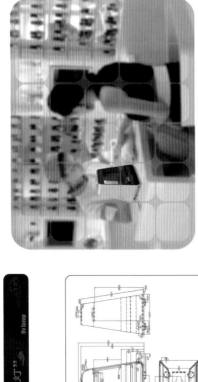

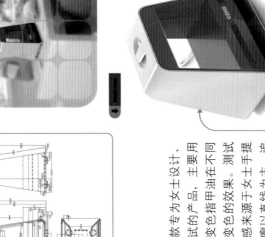

"紫外灯" Uv lamp

设计说明

这是一款专为女士设计的产品，主要用来快速测试变色指甲油在不同强弱光线下变色感的效果。测试灯的造型灵感来源于女士手提包，外部轮廓以直线为主，造求简约的造型风格，色彩搭配颇具女性靓丽的特点，宽大的照射空间便于使用者随时观察变色效果。

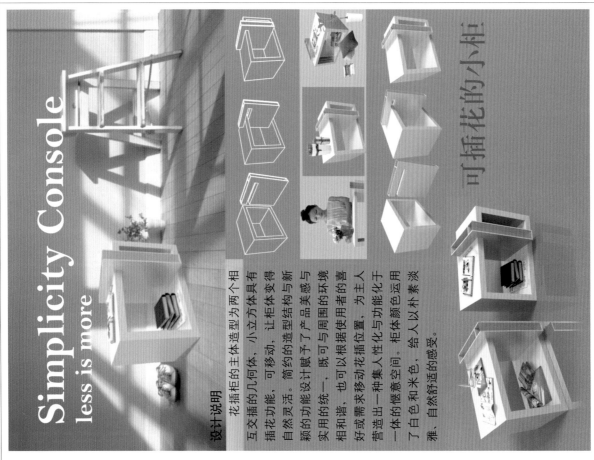

Simplicity Console
less is more

设计说明

花插柜的主体造型为两个相互交插的几何体，小立方体具有插花功能，可移动，让柜体变得自然灵活。简约的造型结构与新颖的功能设计赋予了产品美感与实用性的统一，既可以根据使用者的喜好或需求移动花插位置，为主人营造出一种集人性化与功能化于一体的惬意空间。柜体颜色运用了白色和米色，给人以朴素淡雅、自然舒适的感受。

可插花的小柜

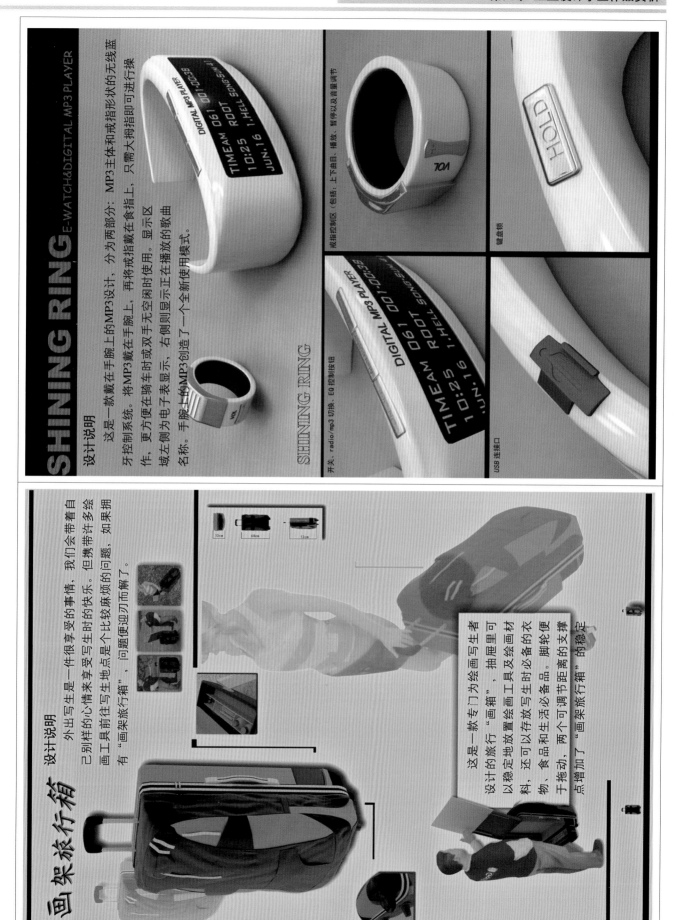

SHINING RING
E-WATCH&DIGITAL MP3 PLAYER

设计说明

这是一款戴在手腕上的MP3设计，分为两部分：MP3主体和戒指形状的无线蓝牙控制系统。将MP3戴在手腕上，再将戒指戴在食指上，只需大拇指即可进行操作，更方便在骑车时或双手无空闲时使用。显示区域左侧为电子表显示，右侧则显示正在播放的歌曲名称。手腕上的MP3创造了一个全新使用模式。

SHINING RING

开关、radio/mp3 切换、EQ控制按钮

戒指控制区（包括：上下曲目、播放、暂停以及音量调节

键盘锁

USB 连接口

画架旅行箱

设计说明

外出写生是一件很享受的事情，我们会带着自己别样的心情来享受写生时的快乐。但携带许多绘画工具前往写生地点是个比较麻烦的问题，如果拥有"画架旅行箱"，问题便迎刃而解了。

这是一款专门为绘画写生者设计的旅行"画箱"，抽屉里可以稳定地放置绘画工具及绘画材料，还可以存放写生时必备的衣物、食品和生活必备品。脚轮便于拖动，两个可调节距离的支撑点增加了"画架旅行箱"的稳定。

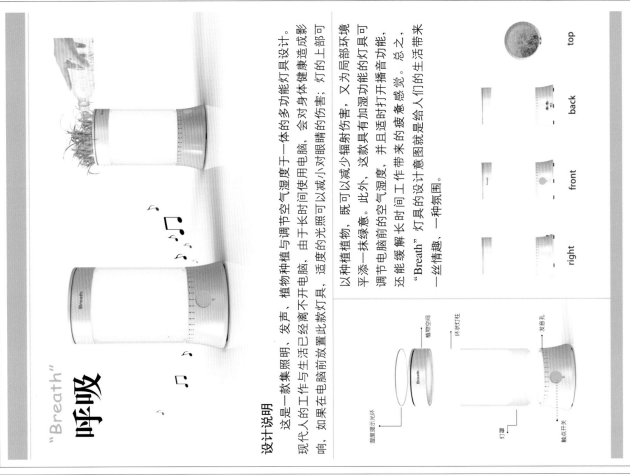

"Breath" 呼吸

设计说明

这是一款集照明、发声、植物种植与调节空气湿度于一体的多功能灯具设计。

现代人的工作与生活已经离不开电脑，由于长时间使用电脑，会对身体健康造成影响，如果在电脑前放置此款灯具，适度的光照可以减小对眼睛的伤害；灯具的上部可以种植植物，既可以减少辐射伤害，又为局部环境平添一抹绿意。此外，这款灯具有加湿功能的灯具可调节电脑前的空气湿度，并且适时打开播音功能，还能缓解长时间工作带来的疲惫感觉。总之，"Breath"灯具的设计意图就是给人们的生活带来一丝情趣，一种氛围。

top back front right

湿度提示光环　植物空间　环状手柱　灯罩　触点开关　发音孔

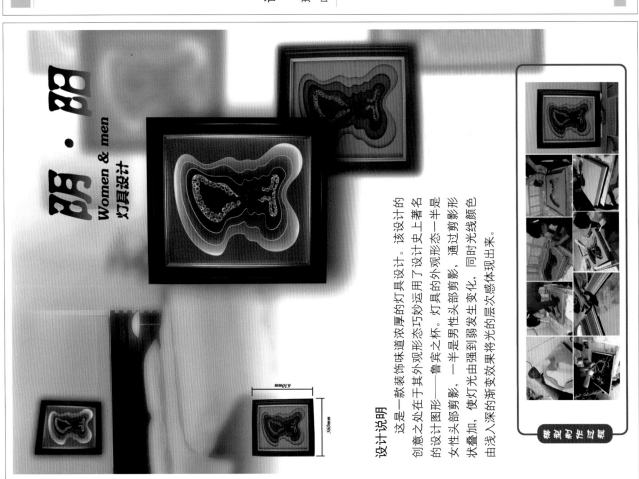

明·明 Women & men 灯具设计

设计说明

这是一款装饰味道浓厚的灯具设计。该设计的创意之处在于其外观形态巧妙运用了设计史上著名的设计图形——鲁宾之杯。灯具的外观形态一半是女性头部剪影，一半是男性头部剪影，通过剪影形状头影叠加，使灯光由强到弱发生变化，同时光线颜色由浅入深的渐变效果将光的层次感体现出来。

630mm　560mm

模型制作过程

吹风机 STAND

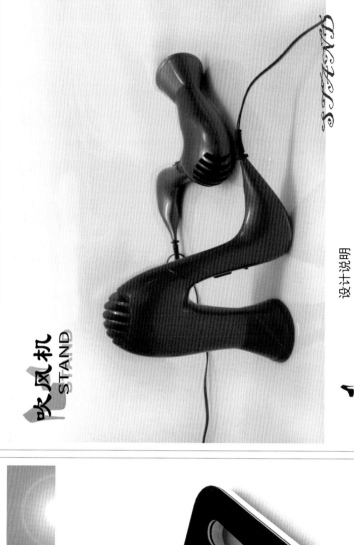

设计说明

此款吹风机借鉴女性高跟鞋的造型元素，夸张的造型给爱美的女性平添了某些曾经的渴望与联想…

● 可以立着放在桌面上，便于取放。
● 使用时打开手柄即可，如图所示。
● 此种放置方式非常便于散热。

电磁炉 Home-use Induction Cooker

时尚·安全

电源和液晶显示屏
控制面板

设计说明

此款电磁炉造型设计简洁、时尚，与现代厨具相得益彰，晶莹剔透的玻璃面面和明快的颜色处理给人干净、卫生的感觉，电磁炉两侧的提手注重人们在使用时的便利性，方便提取、挪动，不需使用的时候也可以挂在墙壁之上少占用空间，秉承了人本设计和时尚环保的设计理念。

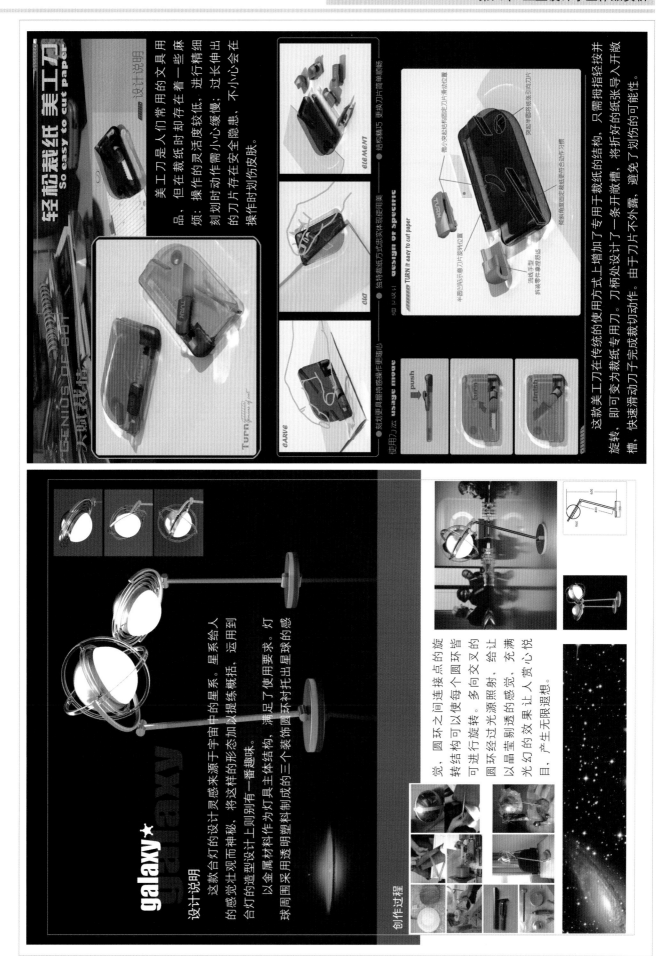

天赋异禀 GENIUS OF EDIT

轻松裁纸 美工刀
So easy to cut paper

设计说明

美工刀是人们常用的文具用品。但在裁纸时却存在着一些麻烦：操作的灵活动作需小心缓慢；进行精细刻划时划动作需小心缓慢；过长伸出的刀片存在安全隐患，不小心会在操作时划伤皮肤。

TURN *Genius of cut*

element

cut

carve

● 刻划更具据将你操作更随心

● 独特裁纸方式忠实体现使用美

■ 结构精巧 更换刀片简单顺畅

使用刀法 usage mode
push
turn
finish

如何 TURN it easy to cut paper
Design of specific

这款美工刀在传统的使用方式上增加了专用于裁纸的结构，只需拇指轻按并旋转，即可变为裁纸专用刀。刀柄处设计了一条开敞槽，将折好的纸张导入开敞槽，快速滑动刀子完成裁切动作。由于刀片不外露，避免了划伤的可能性。

galaxy★

设计说明

这款台灯的设计灵感来源于宇宙中的星系。星系给人的感觉壮观而神秘。将这样的形态加以提练概括，运用到台灯的造型设计上则有别有一番趣味。

以金属材料作为灯具主体结构，满足了使用要求。灯球周围采用透明塑料制成的三个装饰圆环托出星球的感觉，圆环之间连接点的旋转结构可以使每个圆环皆可进行旋转。多向交叉的圆环经过光源照射，给以晶莹剔透的感觉，充满光幻的效果让人赏心悦目，产生无限遐想。

创作过程

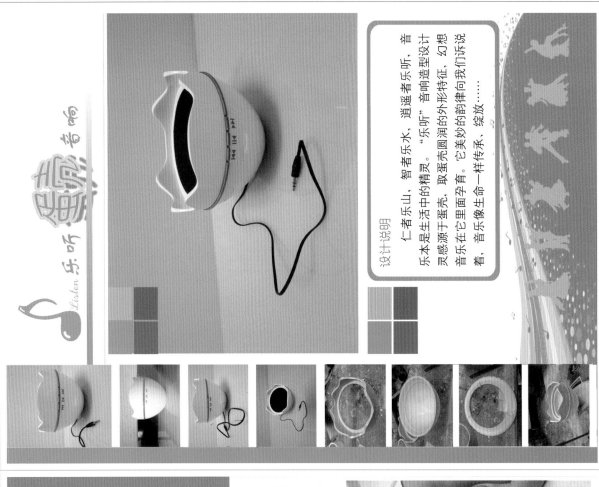

设计说明

仁者乐山、智者乐水、逍遥者乐听，音乐本是生活中的精灵。"乐听"音响造型设计灵感源于蛋壳，取蛋壳圆润的外形特征，幻想音乐在它里面孕育。它美妙的韵律向我们诉说着，音乐像生命一样传承、绽放……

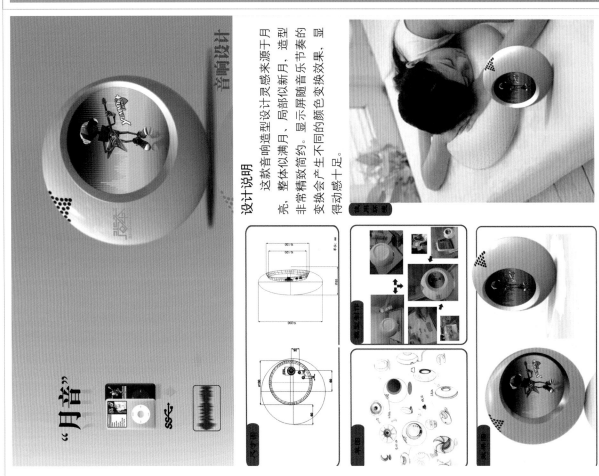

音响设计

设计说明

这款音响造型设计灵感来源于月亮，整体似满月，局部似新月，造型非常精致简约。显示屏随音乐节奏的变换会产生不同的颜色变换效果，显得动感十足。

树的记忆
——迷你小音箱

设计说明

这是一款为追求时尚的人们而设计的迷你小音箱，主要用于连接CD、MP3、iPod、手机等便携式影音设备。造型设计的灵感来源于树的形态。由于体积小巧便于携带，无论是在室内或室外、私人空间或是公共场所，连接上该产品就可以随时随地享受音乐带来的乐趣。颜色鲜明的部位可以随声音的变化发出强弱不同的光线，形成"声"与"光"的互动，使整个产品科技感十足。

Music Goes Everywhere

眩光灯（Glare lamp）
音箱（Speaker）
音量调节（Volume Control）
开关（On Switch）
插孔（Jack）

Φ50
尺寸图 mm
138
138

IF-NATURAL

If-NATURAL

设计说明

这是一款概念合式转叶扇，它的创新之处于该风扇机身可以360°旋转，形成环绕立体风。通过机身两个圆环相切的特殊运转方式，打破了传统风扇只可以在固定范围内摆动的模式。独特的扇叶设计不同于老式风扇的转轴运动方式，改为扇叶在侧壁上运动的方式。造型上采用老式三片扇叶，展现了传统与现代旋转遥控方式、风型的完美结合。遥控器采用触摸遥控，预约功能、定时功能、睡眠风等，既体现了人性化设计，又展现了商品的高端时尚品质。

可以设置风扇旋转的广角度、普通风、自然风、睡眠风等，选择可选用普通风、自然风、睡眠风等，既体现了人性化设计，又展现了商品的高端时尚品质。

● 电风扇附片附带手机身内壁转动

实时温度
类型
普通风
自然风
睡眠风

● 内部附有金属构造，支持通电旋转等运作，从而达到360°转动

日期/时间
Logo开机键
强度
定时预约

● 触屏遥控器的使用方式

21℃

STATIONERY DESIGN

带即时贴的笔

笔夹

笔盖即时贴安放处

采用符合手指形的弧度设计

即时贴既可以采用折起来的纸，也可以是一小本纸，都可以更换

设计说明

生活中常有这样的情况发生，当我们拿着笔急于记录一些信息的时候，却发现手边没有记录纸。"带即时贴的笔"解决了这一问题，主要创意点在笔帽上，将即时贴嵌套进笔帽内部，当需要记录信息的时候，可以很方便地打开存放即时贴的小存储仓，取出贴纸随时记录，体现出设计者对生活细节的关注，为人们带来方便与乐趣。

笔的造型设计从人机工程学因素考虑，使手指与笔杆接触的部位形成相互吻合的弧度，人们在使用时既感到非常舒适，又能够把持牢固。在颜色配置上采用深色，给人典雅、庄重的感觉。

BIG LIFE, SMALL CREATION

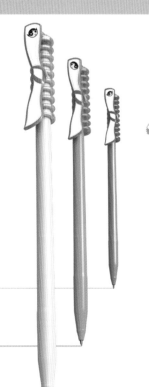

"发夹"笔

设计说明

当女生在写作业、忙工作时为前额头发挡住眼睛而难受时，这款笔将会解决这一烦恼。该设计结合了发夹与笔的功能，主要创意点在笔帽上。笔帽采用柔性塑料制作成螺旋形，螺旋形可以进行随意拉伸以增加长度，摘下笔帽就可以变成一个可以夹持头发的发夹。笔帽顶端配有仿水晶装饰，笔身色彩鲜艳，佩戴起来非常亮丽且充满活力，深受学生群体欢迎。

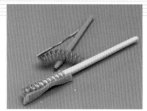

大生活 小创意

便携式加湿器

使用说明

1—打开矿泉水盖；
2—将瓶口插入加湿器注水口；
3—按下电源按钮；
4—正常工作状态。

水雾侧出口
线槽

设计说明

这是一款便携式加湿器设计，直接使用小瓶装矿泉水作为水源，用于局部空间的空气加湿。便携式加湿器可随意调换使用位置，如放置办公桌上、床头柜前等，由于整体造型比较小巧，也可随身携带。电源接口采用USB插口和双脚插口形式，方便在多种供电环境下使用。

设计说明

该数码钢琴侧重于外部造型设计，优雅的天鹅体态轮廓成为琴体曲线造型的基本元素。琴身颜色采用庄重的黑色，音箱盖板与琴凳坐面为透明的钢化玻璃，踏板、琴谱架等细节采用不锈钢材质。当打开音箱盖板后，整体造型宛若一只黑天鹅高雅地游曳于晶莹剔透的湖面之上，充满优雅、高贵的气质，与钢琴弹奏出的优美音符相得益彰。

卧式数码钢琴

Ball-jointed doll design

球形关节人偶设计

设计说明

球形关节结构在产品设计中应用广泛，因为有如此特殊的构造才使得产品能更生动地展现丰富的动作和姿态。将球形结构应用于人偶设计，充分显示人偶产品的可动性与趣味性，足以乱真。设计师赋予了人偶灵魂，使之成为孩子们心灵沟通与交流的伙伴。

● 由球形关节结构引发的灯具设计 ●

设计说明

这款灯具是由球形关节结构引发的灵感，利用球形关节结构的特殊构造，实现了多向调节的可能性。由于台灯的灯杆、灯罩可以自由转动，可以随意调节光照位置及光线强弱。

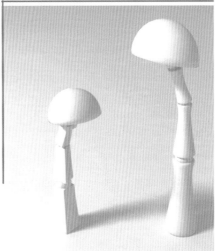

球形关节结构能够更充分展现产品的可动性和趣味性，关节处是由球形部件连接起来，各个部件由专用绳固定在一起。

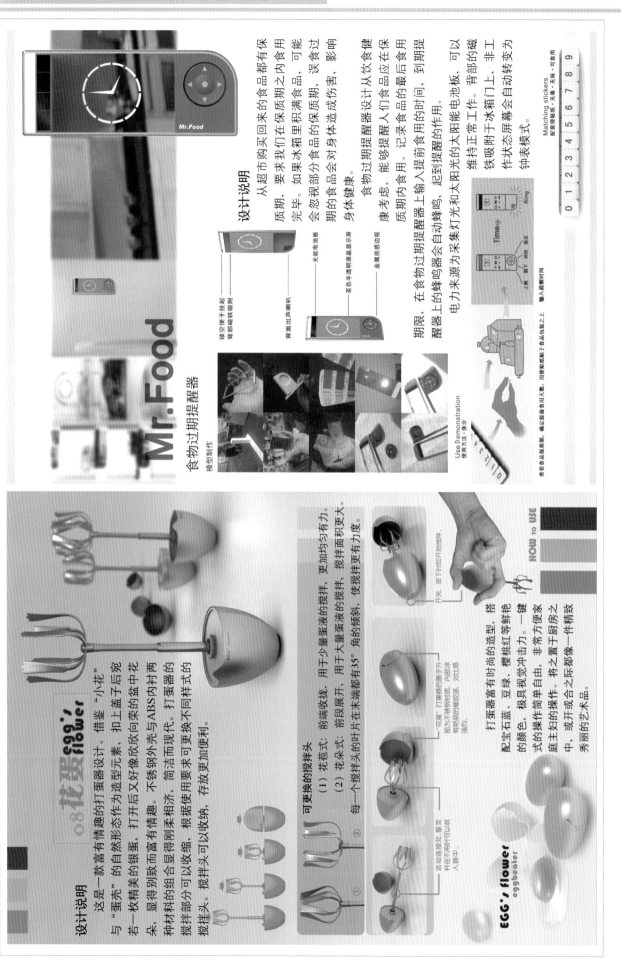

Mr.Food

食物过期提醒器
模型制作

设计说明

从超市购买回来的食品都有保质期，要求我们在保质期之内食用完毕。如果冰箱里积满食品，可能会忽视部分食品的保质期，误食过期的食品会对身体造成伤害，影响身体健康。

食物过期提醒器设计从饮食健康考虑，能够提醒人们食品应在保质期内食用。记录食品食用的时间，到期提醒，在食物过期提醒器会自动蜂鸣，起到提醒的作用。

醒器上的蜂鸣器会自动蜂鸣。可以电力来源为采集灯光和太阳能电池板，维持正常工作。背部的磁铁吸附于冰箱门上，非工作状态屏幕会自动转变为钟表模式。

镂空便于挂起
背部磁铁吸附

背面出声喇叭

光能电池板

茶色半透明液晶显示屏

金属质感边框

Use Demonstration
使用方法·演示

Time → Ring

Matching stickers
配套便签贴·无毒·可食用

0 1 2 3 4 5 6 7 8 9

EGG's flower
08提醒egg's flower
eggbeater

设计说明

这是一款富有情趣的打蛋器设计。借鉴"小花"与"蛋壳"的自然形态作为造型元素。

若一枚精美的银蛋，打开后又好像欣欣向荣的盆中花朵，显得别致而富有情趣。不锈钢外壳与ABS内衬两种材料的组合显得刚柔相济，简洁而现代。打蛋器的搅拌部分可以收缩，根据使用要求可更换不同样式的搅拌头。搅拌头可以收纳，存放更加便利。

可更换的搅拌头

（1）花苞式：前端收拢，用于少量蛋液的搅拌，更加均匀有力。
（2）花朵式：前段展开，用于大量蛋液的搅拌，搅拌面积更大。

每一个搅拌头的叶片与本端前成35°角倾斜，使搅拌更有力度。

"花蕊"打蛋器的墨子——部为不锈钢材质，内部造型借鉴明的橡胶涂层，对比强烈。

活动连接处·搅仪料头不用时可以收入器中。

打蛋器富有时尚的造型，搭配宝石蓝、豆绿、樱桃红等鲜艳的颜色，极其视觉冲击力。一键式的操作简单自由，非常方便家庭主妇的操作。将之置于厨房之中，或开或合之际都像一件精致秀丽的艺术品。

HOW TO USE

开关，按下时即打开搅拌。

Design Proposal

Lighter design

设计说明

Characteristic
使用时拇指横向扭动打火机开关。这种独特的打火方式让女性使用时显得非常得体、文雅。

Background
这是一款专供女性使用的打火机。整体造型设计让人联想自女士使用的口红。俏皮的造型避免了不必要的尴尬。势必让女性们对这款产品爱不释手。

Curlicue
闪亮的花饰让这款打火机更加华丽。处处体现着女性独有的魅力。

Multicolor
使用黑色、粉红与金属色进行色彩搭配。给人以神秘、高雅的感觉。颇具女性特征。

Human Engineering
打火机身造型符合人体工程学。既方便使用。又使整体造型更具观赏性。

儿童防拐"手镯"

设计说明

儿童防拐"手镯"设计的创意意点是着重于防止儿童走失或意外不法分子拐骗儿童现象的发生。该产品为双人共同使用。使用互联网技术实现产品之间的互动。确保联络畅通。产品设计具有如下功能：

（1）有GPS定位系统，显示屏能显示方位和距离；

（2）距离感应器限定了两个手镯之间的感应距离，

（3）指纹锁能防止他人或儿童自己取下；

（4）防水功能能避免了手镯因弄湿而导致手镯失效。

使用说明

手镯为母子共用。在外出时。启动开关。给大人和孩子戴上。如果孩子距离父母超过10米。父母及儿童佩戴的手镯会同时发生震动。提示儿童所处位置及距离。这样父母可以在最短的时间准确地找到孩子。防止走失或被拐。儿童佩戴的手镯启动键只负责自锁。需要父母启动键才能进行解锁。从而确保了孩子的安全。

使用方法

A: 按动子手镯启动键。完成自锁；

B: 父母指纹识别解锁；

C: 超过10米以后手镯会震动提醒。

图形化显示
显示屏幕
文字显示
指纹识别器
正面可翻盖
父母的"手镯"直接套在手腕上
开下启动开关 子：1. 2. 3.
母：
启动开关
键
使用状态（佩戴）

103

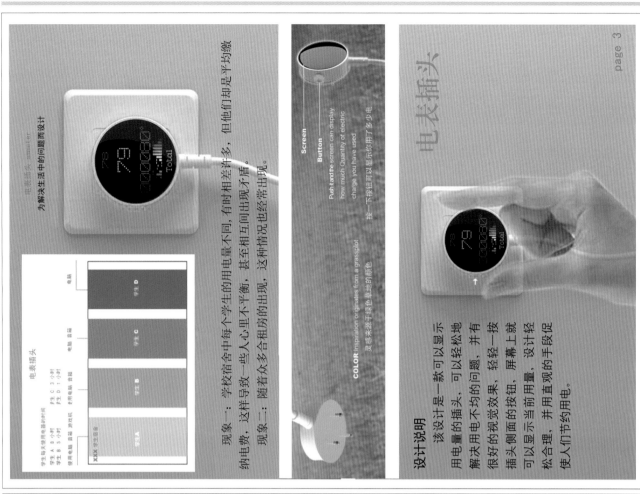

为解决生活中的问题而设计

电表插头 @amauter

现象一：学校宿舍中每个学生的用电量不同，有时相差许多，但他们却是平均缴纳电费。这样导致一些人心里不平衡，甚至相互间出现了矛盾。

现象二：随着众多合租房的出现，这种情况也经常出现。

电表插头

使用电脑 音箱 游戏机 老师电脑 音箱 电脑

学生与无使用电器的时间
学生 A 8 小时   产生 C 3 小时
学生 B 5 小时   产生 D 1 小时

XXX 学生宿舍
学生A 学生B 学生C 学生D

Screen
Button
Push i and the screen can display
how much Quantity of electric
charge you have used
按一下按钮可以显示你用了多少电

COLOR: inspiration originates from a grassplot
灵感来源于绿色草地的颜色

电表插头

设计说明　该设计是一款可以显示用电量的插头，可以轻松地解决用电不均的问题，并有很好的视觉效果，轻轻一按插头侧面的按钮，屏幕上就可以显示当前用量，设计轻松合理，并用直观的手段促使人们节约用电。

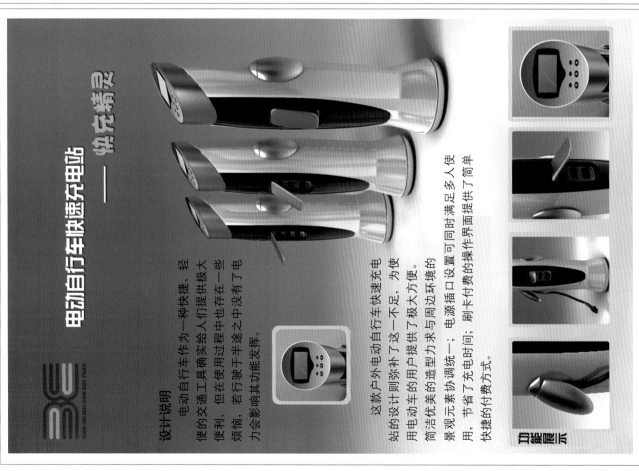

电动自行车快速充电站
——快充精灵

设计说明
电动自行车作为一种快捷、轻便的交通工具确实给人们提供极大便利，但在使用过程中也存在一些烦恼，若行驶于半途之中没有了电力会影响其功能发挥。

这款户外电动自行车快速充电站的设计则弥补不了这一不足，为使用电动车的用户提供了极大方便。简洁优美的造型与周边环境的景观元素协调统一；电源插口设置可同时满足多人使用，节省了充电时间；刷卡付费的操作界面提供了简单快捷的付费方式。

功能展示

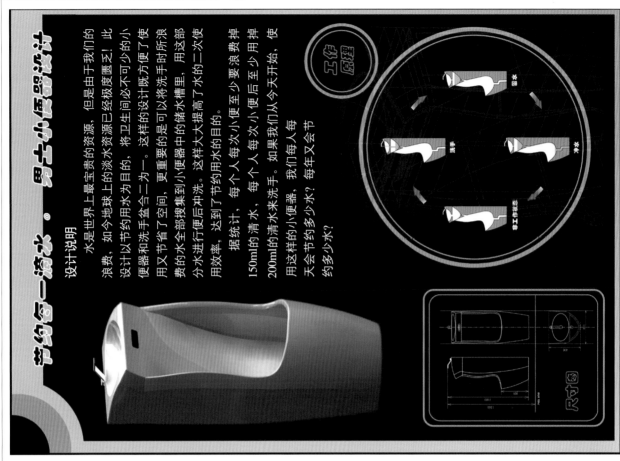

节约每一滴水·男士小便器设计

设计说明

水是世界上最宝贵的资源，但是由于我们的浪费，如今地球上的淡水资源已经极度匮乏！此设计以节约用水为目的，将卫生间必不可少的小便器和洗手盆合二为一。这样的设计既方便了使用又节省了空间，更重要的是可以将洗手时所浪费的水全部搜集到小便器中的储水槽里，用这部分水进行便后冲洗。这样大大提高了水的二次使用效率，达到了节约用水的目的。

据统计，每个人每次小便至少要浪费掉150ml的清水，每个人每次便后至少用掉200ml的清水来洗手。如果我们从今天开始，使用这样的小便器，我们每人每天会节约多少水？每年又会节约多少水？

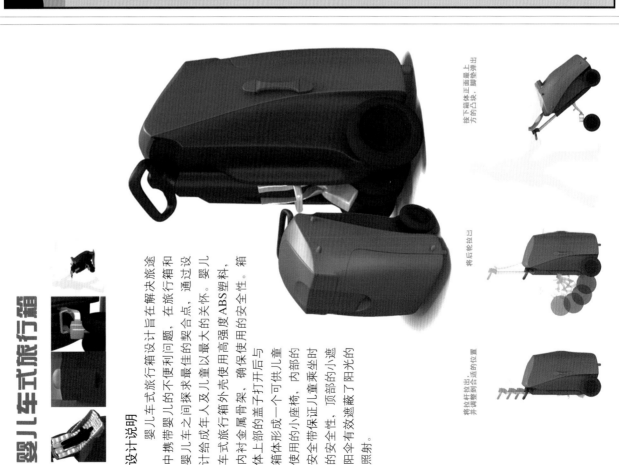

婴儿车式旅行箱

设计说明

婴儿车式旅行箱设计旨在解决旅途中携带婴儿的不便利问题，在旅行箱和婴儿车之间求求最佳的契合点，通过设计给成成年人及儿童以最大的关怀。婴儿车式旅行箱外壳使用高强度ABS塑料，内衬金属骨架，确保使用的安全性。箱体上部的盖子打开后与箱体形成一个可供儿童使用的小座椅，内部的安全带保证儿童乘坐时的安全性，顶部的小遮阳伞有效遮蔽了阳光的照射。

按下箱体正面最上方的凸块，脚垫弹出

将后轮拉出

将拉杆拉出，并调整婴到合适的位置

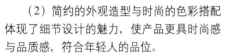

设计说明

（1）忙碌已逐渐成为现代人的生活主题，尤其是年轻人往往由于时间紧迫而忽略了早餐。针对这一现象，设计了这款用于为牛奶、豆浆加热并同时能够蒸蛋的早餐机。

（2）简约的外观造型与时尚的色彩搭配体现了细节设计的魅力，使产品更具时尚感与品质感，符合年轻人的品位。

（3）此产品可单独或同时供多人使用，操作简单，具有定时功能，如提前做好准备并设定晨起时间，醒来时已自动做好早餐。

玩具设计

无忧无虑的童年，让我们一起重温.

3D五子棋

play toys

设计说明

这是一款益智玩具，现有的五子棋只能在平面进行，3D五子棋设计改变了五子棋的平面下法，使五子棋有了无限延伸的可能，更增加了益智性与趣味性，对弈过程中充分体验五子棋带来的乐趣，同时也给博弈者带来新的感受。

3D五子棋可多向延伸
棋子之间用小连接棒互相插接
盒子边缘采用软结构，方便叠放

可拆分的拖鞋

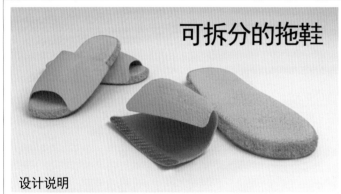

设计说明

可拆卸式拖鞋是指鞋面和鞋底可以拆分、组合的拖鞋，原理是用粘扣带或纽扣将鞋面和鞋底结合在一起，其设计价值体现如下两个方面。

（1）可以根据自己喜爱的面料、颜色和脚型大小选取合适的鞋面、鞋底进行搭配。

（2）对损坏的鞋底或鞋面进行部分更换，节约了资源，减少了浪费，符合当今低碳、环保的设计理念。

几乎每一种鞋型都可以做成可拆分拖鞋，其应用十分广泛，是一种全新形式的家居拖鞋

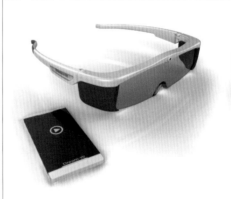

为您不同反响的旅途
平添无尽的喜悦

四季虚拟器

创新的激情
使生活更臻于完美

设计说明

这是一款季节虚拟器设计产品，提出了视觉感受的全新设计理念。原理是通过眼镜上的摄像头将取得的景物传入渲染器，渲染出春、夏、秋、冬四季的风景，满足使用者在同一时间、同一地点观赏到四季不同的景色。这款产品也可以帮助环境艺术设计人员实现对设计区域进行四季变化的虚拟展现，辅助设计出更好的作品。

同一时间 同一地点 不同的季节

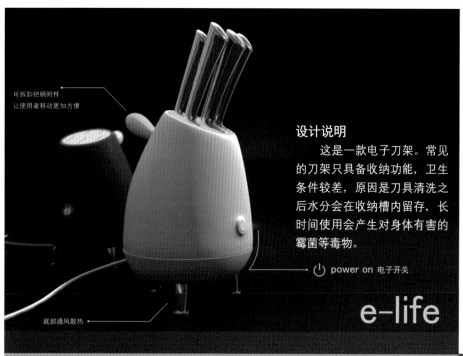

可拆卸把柄附件
让使用者移动更加方便

设计说明

　　这是一款电子刀架。常见的刀架只具备收纳功能，卫生条件较差，原因是刀具清洗之后水分会在收纳槽内留存，长时间使用会产生对身体有害的霉菌等毒物。

⏻ power on 电子开关

底部通风散热

e-life

电子刀架

Electronic
KNIFE REST DES

　　这款电子刀架增添了加热、除湿功能，且收纳槽内部设计有通风结构，当淋湿的刀具插进刀架后启动加热装置，湿气会被迅速烘干，有效保障了刀具再次使用时的卫生安全。同时，电子刀架的后置把柄被使用者随意移动到任何位置都可以照常使用。

E-map 电子地图无人售卖机

电子地图无人售卖机
Electronic map unmanned vending machines

基本尺寸：W450 H300 D120

设计说明

　　出入陌生城市的人们往往会有迷失方向的时候，这不仅耽误时间，也影响着人们的心情。常规的印刷品地图在翻阅过程中由于信息量较大，在找路的过程中会费时、费力，并且再次使用的利用率较低。为了解决上述问题，电子地图无人售卖机E-map应运而生……

按键操作：按照系统提示进行，在操作时选择相应的按键。同时按键底部的LED灯会自动亮起，来提示您的操作。

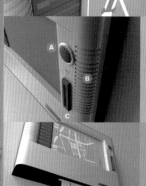

A/扬声器：在操作时，系统具有语音提示功能，体现人性化设计。

B/散热口

C/投币口：通过自动投币获得查询权限，并打印出你所需要的地图及行程路线。

打印地图：通过正确的操作，可以获得从出发地到目的地的区间地图和行车路线。

说明

　　本书第六章的设计作品均为天津美术学院历届毕业生所提供，在此，衷心感谢提供作品的学生们以及为学生进行设计指导的教师们对此书出版工作的支持。

参考文献

[1]柳冠中. 事理学论纲[M]. 长沙：中南大学出版社，2006.

[2]李砚祖. 外国设计艺术经典论著选读（上）[M]. 北京：清华大学出版社，2006.

[3]何人可. 工业设计史[M]. 北京：高等教育出版社，2010.

[4]马克思. 资本论（第1卷）[M]. 北京：人民出版社，1975.

[5]王明旨. 工业设计概论[M]. 北京：高等教育出版社，2007.

[6]丁恒杰. 文化与人[M]. 吉林：时代出版社，1994年.

[7]托夫勒. 第三次浪潮[M]. 北京：中信出版社，2006.

[8]汪流. 艺术特征论[M]. 北京：文艺出版社，1984年.

[9]伯恩哈德·E. 布尔德克. 产品设计历史、理论与实务[M]. 北京：中国建筑工业出版社，2007年.

[10]林惠详. 文化人类学[M]. 北京：商务印书馆，1991.

[11]胡飞. 聚焦用户UCD观念与实务[M]. 北京：中国建筑工业出版社，2009.

[12]保罗·克拉克，朱利安·弗里曼. 速成读本：设计[M]. 北京：生活·读书·新知三联书店，2002.

[13]张宪荣，陈麦，张萱. 工业设计理念与方法[M]. 北京：北京理工大学出版社，2005.

[14]王明旨. 产品设计[M]. 杭州：中国美术学院出版社，1999.

[15]李砚祖. 艺术设计概论[M]. 武汉：湖北美术出版社，2002.

[16]陈望衡. 艺术设计美学[M]. 武汉：武汉大学出版社，2000.

[17]朱钟炎. 产品造型设计教程[M]. 武汉：湖北美术出版社，2006.

[18]花景勇. 设计管理——企业的产品识别设计[M]. 北京：北京理工大学出版社，2007.

[19]杨向东. 工业设计程序与方法[M]. 北京：高等教育出版社，2008.

[20]马扎诺. 设计创造价值——飞利浦设计思想[M]. 北京：北京理工大学出版社，2002.

[21]徐恒醇. 设计美学[M]. 北京：清华大学出版社，2006.

[22]尹定邦. 设计学概论（修订本）[M]. 长沙：湖南科学技术出版社，2009.

[23]吕豪文. 工业设计实务概念[M]. 台北：三采文化出版事业有限公司，1995.

[24]朱钟炎. 设计创意发想法[M]. 上海：同济大学出版社，2007.